科学出版社"十三五"普通高等教育本科规划教材

供中药学、药学与检验各专业使用

分析化学与仪器分析实验

苏明武 主 编

U0199972

科学出版社

北 京

内 容 简 介

本书是科学出版社"十三五"普通高等教育本科规划教材之一，分析化学课程全套共有五本，本书为其中《分析化学与仪器分析实验》，分析化学、仪器分析与波谱解析是中医药与医药院校药学类、中药学类与检验类等各专业的一门极其重要的专业基础课。本书共三章，第一章是分析化学实验；第二章是仪器分析实验；第三章是波谱解析实验。还选编了一些综合与设计性实验，以期通过综合实验的训练，使学生能够贯通所学理论知识，通过设计性试验的训练，在资料查阅、设计试验方案并完成实验的过程中，使学生能够灵活应用所学分析方法。通过系列训练，使学生逐步掌握科学研究的技能与方法，为后续课程学习与将来工作奠定良好的基础。

本书可供全国高等院校药学、中药学、药物制剂、制药工程、食品科学、生物技术、医学检验等相关专业使用。

图书在版编目（CIP）数据

分析化学与仪器分析实验 / 苏明武主编. —北京：科学出版社，2017.8
ISBN 978-7-03-053983-0

Ⅰ. ①分… Ⅱ. ①苏… Ⅲ. ①分析化学–化学实验–医学院校–教材
②仪器分析–实验–医学院校–教材 Ⅳ. ①O65-33

中国版本图书馆 CIP 数据核字（2017）第 170899 号

责任编辑：郭海燕　王　鑫 / 责任校对：郑金红
责任印制：李　彤 / 封面设计：陈　敬

科 学 出 版 社 出版
北京东黄城根北街 16 号
邮政编码：100717
http://www.sciencep.com
北京凌奇印刷有限责任公司印刷
科学出版社发行　各地新华书店经销
*
2017 年 8 月第 一 版　开本：787×1092　1/16
2024 年 1 月第七次印刷　印张：9
字数：200 000
定价：29.80 元
（如有印装质量问题，我社负责调换）

《分析化学与仪器分析实验》编委会

前　言

　　分析化学、仪器分析与波谱解析是中医药与医药院校药学类、中药学类与检验类等专业的三门极其重要的专业基础课。这三门课程的实验是其重要组成部分，旨在通过实验课程的实践，使学生加深对基础理论、基本知识的理解，正确和较熟练地掌握化学分析、仪器分析和波谱分析实验的基本操作与技能；使学生学会正确合理地选择实验条件和实验仪器，善于观察实验现象并进行实验记录，正确处理、表达实验数据与实验结果；培养学生良好的实验习惯、实事求是的科研态度和严谨细致的工作作风，以及独立思考与分析问题、解决问题的能力。

　　《分析化学与仪器分析实验》一书是科学出版社"十三五"普通高等教育本科规划教材《分析化学》《仪器分析》《波谱解析》的配套教材，供全国高等院校药学、中药学、药物制剂、制药工程、食品科学、生物技术、医学检验等相关专业使用。为了使本书具有普适性，作者尽可能对每种常用的分析方法设置多个实验，以便各院校在实际教学中选用。

　　本书共三章，第一章是分析化学实验，实验内容涵盖酸碱滴定法、配位滴定法、氧化还原滴定法、沉淀滴定法和重量分析法；第二章是仪器分析实验，实验内容涵盖电位分析法、紫外-可见分光光度法、原子吸收光谱法、荧光分光光度法、红外光谱法、经典液相色谱法、气相色谱法、高效液相色谱法；第三章是波谱解析实验，实验内容涵盖核磁共振波谱法、色-质联用技术等仪器分析方法。各种分析方法除配备了一定量的基础实验，还选编了一些综合与设计性实验，以期通过综合实验的训练，使学生能够贯通所学理论知识；通过设计性实验的训练，在资料查阅、设计实验方案并完成实验的过程中，使学生能够灵活应用所学分析方法。通过一系列训练，使学生逐步掌握科学研究的技能与方法，为后续课程学习与将来参加工作奠定良好的基础。

　　本书的编写成员来自国内多所中医药院校，均是工作在分析化学教学一线的教师，具有较高的学术水平和丰富的教学实践经验。参编学校有湖北中医药大学、南京中医药大学、辽宁中医药大学、甘肃中医药大学、天津中医药大学、湖南中医药大学、广西中医药大学、北京城市学院、江西中医药大学。

　　在本书的编写过程中，编者参阅了相关书籍和资料，在此向编者表示深深的谢意。科学出版社的编辑们为本书的出版做了大量细致的编辑工作，在此对他们致以衷心的感谢。

　　由于编者水平有限，书中存在的不妥和欠缺之处，敬请批评指正。

编　者

2017 年 6 月

目　录

| 第一章 | 分析化学实验

 实验一 分析化学实验基础知识与基本操作

一、基本要求

1. 对学生的要求 分析化学是一门实践性很强的科学。分析化学实验的任务就是加深学生对分析化学基本理论的理解，掌握分析化学实验的基本技能，养成严谨、实事求是的科学作风。通过实验，树立严格"量"的概念，学会实验数据的处理方法。为此，对学生提出以下要求。

(1) 实验前：每次实验前应做好预习，目的是明确有关原理、实验方法，了解实验过程与思考实验中可能遇到的问题，做到心中有数。

(2) 实验中：①每人必备实验记录本，随时将实验中的数据和现象如实、清楚、正确地记录下来。②实验中应手、脑并用，仔细观察，认真思考，不能只是"照方抓药"。③应严格遵守操作程序及规程。使用不熟悉的仪器和试剂之前，应查阅有关书籍或请教指导教师，以防意外发生。④实验时应保持实验室、各自实验台及仪器的整洁，仪器放置有序，节约试剂、试药，废液按规定排放。

(3) 实验毕：①将所用仪器及时洗涤干净，关闭水、电阀门。②对实验结果和数据及时整理、计算和分析。

2. 对水的要求 根据分析任务和要求的不同，所用水的纯度也不同。一般分析工作采用蒸馏水或去离子水即可；在做光谱和色谱分析实验时有时要用纯度高的"超纯水"。分析实验中的配位滴定和银量法对用水的纯度要求较高。

纯水的制备常用蒸馏法和离子交换法。表 1-1 为实验室用水的级别及主要指标。

表 1-1 分析实验用水的级别和主要技术指标(引自 GB 6682-92)

指标名称	一级	二级	三级
pH 范围(25℃)	—	—	5.0~7.5
电导率(25℃)(mS/m)	≤0.01	≤0.01	≤0.05
电阻率(MΩ·cm)	10	1	0.2
可氧化物质(以 O 计)(mg/L)	—	0.08	<0.4
蒸发残渣(105℃±2℃)(mg/L)	—	≤1.0	≤2.0

指标名称	一级	二级	三级
吸光度(254nm，1cm 光程)	≤0.001	≤0.01	
可溶性硅(以 SiO_2 计)(mg/L)	<0.01	<0.02	

3. 对试剂的要求

见附录 1。

二、事故预防与处理

1. 试剂的取用

(1) 实验时取用试剂应注意保持清洁，防止污染。所用试剂不得随意散失、遗弃。

(2) 取用固体试剂应用干燥的小药匙。取用强碱性试剂，如 NaOH，小药匙应立即洗净，以免被腐蚀。

(3) 用吸量管吸取试剂溶液时，绝不能用未经洗净的同一吸量管插入不同的试剂瓶中吸取试剂。

(4) 开启贮有挥发性液体的瓶塞时，必须先充分冷却然后开启，开启时瓶口必须指向无人处。如遇瓶塞不易开启时，必须注意瓶内贮物的性质，切不可贸然用火加热或乱敲瓶塞等。

(5) 所配试剂、试药瓶上都应贴有明确标签。

2. 事故预防

(1) 使用有毒试剂，如汞盐、氰化物、As_2O_3 等要特别小心，使用时必须戴手套，操作后立即洗手。注意严禁在酸性介质中加入氰化物。

(2) 使用易燃、易爆有机溶剂应远离火源或热源。

(3) 使用易燃、易爆气体，如氢气、乙炔等要保持室内空气畅通，严禁明火。

(4) 使用电器时，不能用湿手或手握湿物接触电插头。实验后应切断电源，再将连接电源的插头拔下。

(5) 用各种浓酸时(如 HCl、HNO_3、$HClO_4$)应在通风橱中进行，通常应把浓酸慢慢倒入水中，而不要把水加入浓酸中。

(6) 实验中的废弃物应按规定存放。一些有毒、有腐蚀性的废液应小心倒入废液缸中，切勿倒入水池中。用过的有机溶剂应倒入回收瓶中集中处理，不可倒入水池中排放。

3. 事故处理

(1) 如在实验过程中着火，应尽快切断电源和燃气源，并移开附近的易燃物品。小火可用湿布或黄沙盖熄。火势较大时应选择合适的灭火器材灭火。

(2) 避免浓酸、浓碱等腐蚀性试剂溅在皮肤、衣服上。在眼睛受到伤害时，必须立即送医院请眼科医生诊治。如果眼睛被溶于水的化学药品灼伤，应先用大量的细小水流洗涤眼睛。皮肤被碱灼伤时，用 20%硼酸溶液淋洗；酸灼伤时用 3% Na_2CO_3 溶液淋洗。

(3) 割伤时应取出伤口中的玻璃或固体物，用蒸馏水冲洗后涂上红药水。大伤口应先按紧主血管防止大量出血，立即送医院处理。

(4) 烫伤时涂以鞣酸油膏或立即送医院处理。

三、实验记录、数据处理与实验报告

1. 实验记录 实验记录是出具实验报告的原始依据，为保证实验结果的准确性，实验记录必须真实、完整、规范、清晰。实验记录时应注意以下几点。

(1) 数据严禁记录在小纸片上。记录本的篇页应编号，不应随便撕去。

(2) 记录或计算若有错误，应划掉重写，不得涂改，绝不允许凑数据。

(3) 应清楚、如实、准确地记录实验过程中所发生的重要实验现象、所用的仪器及试剂、主要操作步骤、测量数据及结果。

(4) 实验记录应用钢笔、圆珠笔、签字笔等书写，不得用铅笔。

(5) 数据记录时应严格按照有效数字的保留原则记录测量数据。有效数字是指在分析工作中实际上能测量到的数字，记录时应保留一位欠准数(即末位有误差)，其余均为准确值，即应记录至仪器最小分度值的下一位。

2. 数据处理

(1) 有效数据的修约：定量分析往往要经过一系列步骤，在各步实验中所测定的数据，由于测量的准确程度不尽相同，其有效数字的位数亦不相同，对有效数字位数较多的测量值应将多余的数字舍弃。

(2) 可疑数据的取舍：首先删除由于明显原因而与其他测定结果相差甚远的数据；其次通过 Q 检验或 G 检验对可疑数据进行取舍。

(3) 精密度考察：一般用标准偏差 S 或相对标准偏差 RSD 表示测定结果的精密度。

(4) 分析结果的计算：计算分析结果时，每个测量值的误差都会传递到分析结果中，有效数字的运算应根据误差传递规律，按照有效数字的运算规则进行，并对计算结果的有效数字合理取舍。

3. 实验报告 实验完成后，应及时写好实验报告，对实验进行总结和讨论。一般应包括以下内容。

(1) 实验编号、实验名称、实验日期、实验者：可作为实验报告的标题部分。

(2) 实验目的：按掌握、熟悉、了解三个层次简要说明本实验的目的和基本要求。

(3) 实验原理：可用文字简要说明，亦可用化学反应方程式来表示，要简明、清晰。

(4) 仪器与试剂：包括仪器名称、型号、厂家等；主要玻璃器皿的规格、数量等；主要试剂的品名、规格、浓度等。

(5) 实验步骤：简要列出各实验步骤，可用流线图表示，不要照抄教材原文。同时记录所观察到的实验现象。

(6) 实验数据及处理：列出实验所测得的有关数据并进行必要的处理。可采用表格、图等形式将数据表示出来，按公式计算结果和结果的精密度，给出结论。

(7) 讨论：归纳实验成功与失败的原因，并进行讨论。特别是分析结果出现较大误差或实验完成失败时，应分析产生误差或导致失败的原因，总结经验教训，提高分析和解决问题的能力。

实验二　综合性实验——分析天平的使用与称量、几种容量仪器的操作与使用及酸碱标准溶液的配制与滴定练习

■ 第一部分　分析天平的使用与称量

一、实验目的

1. 熟悉分析天平的结构。
2. 掌握分析天平的正确使用方法。
3. 掌握直接称量和减重称量的方法。

二、实验原理

（一）分析天平的类型

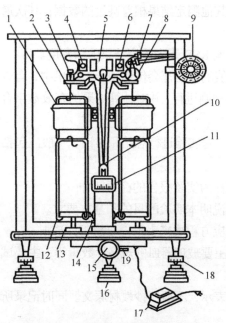

图 1-1　半自动电光分析天平

1-阻尼器；2-挂钩；3-吊耳；4、6-平衡铊；5-横梁；
7-环码勾；8-环砝；9-指数盘；10-指针；11-投影屏；
12-秤盘；13-盘托；14-光源；15-旋钮；16-垫脚；
17-变压器；18-螺旋脚；19-拨杆

分析天平是进行定量分析的最重要的精密仪器之一，正确使用分析天平是分析工作的前提。分析天平种类较多，在此介绍目前实验室常用的电光分析天平和电子分析天平。

1. 电光分析天平

（1）原理及构件：电光分析天平根据杠杆原理设计制造。主要构件见图 1-1。

1）天平箱：起保护天平的作用。在称量时，为了减少外界温度、空气流动、人的呼吸等的影响，称量时应随时关门；箱下装有三只脚，前面两只脚是螺旋脚，用于调整天平的水平位置，三只脚都放在垫脚中。

2）支柱和水平泡：支柱是金属做的中空圆柱，下端固定在天平底座中央，支撑着天平横梁。在支柱上装有一水平泡，指示螺旋脚调节天平是否放置水平。

3）天平横梁：是天平的主要部件。多用质轻坚固、膨胀系数小的铝铜合金制成，起平衡和承载物体的作用。梁上装有三棱形的玛瑙刀，其中一个装在正中的称为中刀或支点刀，刀口向下，另外两个分别与中刀等距离地安装在梁的两端，称为边刀或承重刀，刀口

向上。三个刀口必须完全平行且位于同一水平面上。

4) 吊耳和天平秤盘：吊耳挂在两个边刀上，下面挂有秤盘。TG-328A 型全自动天平，左盘放砝码，右盘放被称物。TG-328B 型半自动天平，左盘放被称物，右盘放砝码。

5) 空气阻尼器：由两个特制的金属圆筒构成，外筒固定在支柱上，内筒比外筒略小，悬于吊耳钩下，两筒间隙均匀，没有摩擦。当梁摆动时，左右阻尼器的内筒也随着上下移动，为使筒内外空气的压力一致，产生抵制膨胀和压缩的力，即抑制梁摆动的力。这样利用筒内空气阻力使之很快停摆，达到平衡，以加快称量速度。

6) 盘托和升降枢：为了使天平盘在不载重时稳定，或在称量时防止梁倾斜过度，在盘下装有盘托，为了使天平梁支撑起来进行称量，应用旋钮控制升降枢，将梁托起进行称量。

7) 平衡铊：在梁的上部，两端各装有一个平衡螺丝，用来调节天平的零点。

8) 砝码和环码：半自动电光天平 1g 以下 10mg 以上的环码由指数盘操纵，如 TG-328B 型：砝码采用 1、2、2*、5 组合系统，每盒放有 1、2、2*、5、10、20、20*、50、100(g)共 9 个砝码，环码采用 1、1*、2、5 方式组合，从前向后依次悬挂的环码是 10、10*、20、50、100、100*、200、500(mg)，通过指数盘带动操纵杆加减环码。全自动电光天平砝码及环码全部由指数盘操纵，如 TG-328A 型，全部砝码都悬挂在机械加码器上。

9) 指针和感量螺丝：指针固定在横梁的正中，下端的后面有一块刻有分度的标牌。指针上装有感量螺丝，用来调节梁的重心，以改变天平的灵敏度。可根据指针偏斜的方向判断轻重，指针向左偏，左盘轻，指针向右偏，右盘轻。

10) 光学读数装置：在指针下端装有一个透明的微分标尺，后面用灯光照射，标尺经透镜放大 10～20 倍，再由反射镜反射到投影屏上，直接读出 10mg 以下的质量。可根据投影屏上标尺移动方向判断轻重，标尺向左移动，左盘重，向右移动，右盘重。

(2) 基本操作

1) 称量：将物品放在秤盘上，估计物品大致质量，加砝码或环码，缓慢打开天平旋钮，根据指针或标尺移动方向判断两边秤盘的轻重；关闭天平旋钮，加减环(砝)码(由大到小，折半加减)，直至打开天平旋钮时指针停留在标尺范围内。

2) 读数：将砝码、环码、标尺读数累加，并记录(如 21.2344g)，即为物品质量。

2. 电子分析天平

(1) 原理、构件及功能：电子天平根据电磁力平衡原理设计制造，是最新一代的天平。

电子天平用弹簧片取代电光分析天平的玛瑙刀口作支承点，用差动变压器取代升降枢装置，用数字显示替代刻度指针指示，具有使用寿命长、性能稳定、操作简便和灵敏度高的特点。电子天平具有自动校正、自动去皮、超载指示和故障报警等功能及质量电信号输出功能，可与打印机、计算机联用(图 1-2)。

分析化学实验室常用电子分析天平的规格有万分之一和十万分之一。

(2) 基本操作：①调水平，接通电源，预热。②按下"ON"键，待自检通过，将物品放于秤盘上，天平达到

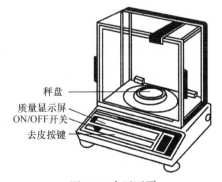

秤盘
质量显示屏
ON/OFF开关
去皮按键

图 1-2　电子天平

平衡时记录显示屏读数。③称量结束，按下"OFF"键。(若非长期不用，电源不需断开。)

(二)称量方法

1. 指定量称量法(增量法) 指定量称量法是指称取一定质量的试样的方法，在标准溶液直接配制和分析实验时常用。称量时根据需要及试样性质，可将试样置于称量纸或干燥的小烧杯、表面皿等器皿内称量，先对器皿称量(如是电子天平，可启用去皮功能)，再用小牛角勺逐渐加入试样，直至达到要求的质量(图 1-3)。该法适用于称取在空气中不易吸湿的、性质稳定的粉末状样品。

2. 减量法(递减称量法或差量法) 此法将样品置于称量瓶中，先称出称样前样品+称量瓶的质量(W_1 g)，然后从称量瓶内敲出要求质量的样品，再称出敲出样品后样品+称量瓶的质量(W_2 g)，第一份样品质量即为(W_1-W_2)g，继续敲出要求质量的样品并称出敲出样品后样品+称量瓶的质量(W_3 g)，第二份样品质量即为(W_3-W_2)g(图 1-4)。该法的特点是连续称取 n 份样品时，需称量($n+1$)次。此法常用于称量易吸水、易氧化或易与 CO_2 反应的物质。

图 1-3 指定重量称量法   图 1-4 减量法

3. 直接称量法 此法可以直接称出样品的质量。通常用于某些在空气中性质稳定的物质，如金属、合金等。可将样品放于已知准确质量的干燥清洁的表面皿或称量纸上，称出质量，减去表面皿或称量纸的质量即为样品质量。

三、实验内容

1. 熟悉仪器 观察并熟悉天平的构造、性能及按钮功能。

2. 称量练习

(1) 直接称量法。

(2) 增量法(指定量称量法)：称样量，0.2g(±10%，0.18～0.22g)。

(3) 减量法：称样量，0.2g(±10%，0.18～0.22g)。

四、数据记录与处理

依次用直接称量法、减量法、指定量称量法称取一定质量的样品，将实验数据记入下表：

称量方法　　　样品重量 m/g	1	2	3
直接称量法			
增量法			
减量法			

五、注意事项

1. 称量操作时应戴上手套或用纸条取放称量瓶。
2. 称量时按质量从大到小的顺序加减砝码。
3. 天平使用结束后，认真检查天平的电源、升降枢纽、加码器及天平盘内的砝码是否复原。

六、思考题

1. 在减量法称取样品过程中，若称量瓶内的试样吸湿，会对称量结果造成什么影响？若试样倾入锥形瓶内再吸湿，对结果是否有影响？为什么？
2. 在称量中如何运用优选法较快地确定物品的质量？
3. 在减量法称量中，零点是否要求绝对准确？是否参加计算？
4. 在称量练习的记录和计算中，如何正确运用有效数字？

第二部分　几种容量仪器的操作与使用

一、实验目的

掌握各种容量仪器的正确使用方法。

二、实验原理

滴定分析仪器主要包括滴定管、容量瓶和移液管等，它们的正确使用是获得准确分析结果的重要因素。下面分别介绍它们的使用方法。

1. 滴定管

(1) 滴定管(图 1-5)是用来进行滴定的仪器，用于测量在滴定中所用溶液的体积。滴定管分为酸式滴定管和碱式滴定管。酸式滴定管下端有玻璃活塞，可盛放酸液和氧化剂，不能放碱液，因为碱液会使活塞与活塞套黏合，难于转动。碱式滴定管下端连一橡皮管，内放一玻璃珠，以控制溶液流出，下面再连一尖嘴玻璃管，可用于盛放碱液，而不能盛放酸或氧化剂等腐蚀橡胶的溶液。滴定管有 10ml、25ml 和 50ml 等不同体积。例如，25ml 滴定管就是把滴定管分成 25 等份，每份为 1ml，1ml 中再分 10 等份，每一小格为 0.1ml，读数时，在每一小格之间可再估读出 0.01ml。

(2) 滴定管的使用

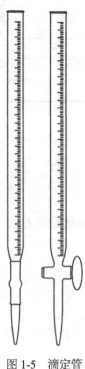

1) 涂油与试漏：将洗净的滴定管活塞拔出，用滤纸将活塞套擦干，在活塞粗端与细端分别均匀涂一薄层凡士林，把活塞插入活塞套内，来回转动数次，直到从外面观察时呈透明(图1-6)，然后在活塞末端套一橡皮圈，以防止使用时活塞被顶出。最后将滴定管内装入蒸馏水，置滴定管架上直立 2min，观察有无水滴滴下，活塞缝隙中是否有渗出。然后将活塞旋转 180° 再观察，不漏水即可使用。

2) 洗涤：滴定管的洗涤可用滴定管刷刷洗，用水和毛刷刷洗仪器，可以去掉仪器上附着的尘土、可溶性物质及易脱落的不溶性物质。也可用铬酸洗液洗，用铬酸洗液洗酸式滴定管时，可将洗液倒入滴定管，浸泡一段时间；洗碱式滴定管时应先把橡皮管卸下，把橡皮头套在滴定管底部，然后倒入洗液洗涤。滴定管上附着的洗液应先用自来水反复冲洗干净，最后用蒸馏水润洗三次。洁净的玻璃仪器内壁应能被水均匀地润湿而不挂水珠，并且无水的条纹。

铬酸洗液的配制：将 25g $K_2Cr_2O_7$ 置于烧杯中，加 50ml 水溶解，然后在不断搅拌下，慢慢加入 450ml 浓 H_2SO_4，溶液呈深褐色，具有强酸性、强氧化性，对有机物、油污等的去污能力特别强。太脏的仪器应用水冲洗并倒尽残留的水后，再加入铬酸洗液清洗，以免洗液被稀释。洗液可反复使用，用后倒回原瓶并密闭，以防吸水(注意洗液千万不可倒入水池中)。当洗液由棕红色变为绿色时即失效。

图 1-5　滴定管

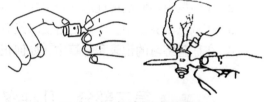

图 1-6　活塞涂油与活塞插入

实验中常用的移液管、容量瓶和滴定管等具有精确刻度的玻璃器皿，可选择恰当的洗液来洗。NaOH 或乙醇溶液洗涤附着有机物的玻璃器皿，效果较好。

3) 装液与排气：洗净的滴定管应用操作溶液润洗 3 次，每次用 7~8ml，目的是防止操作溶液被稀释。其方法是注入溶液后，将滴定管横过来，慢慢转动，使溶液流遍全管，然后将溶液自下口放出。润洗好后将操作溶液充满滴定管(注意装溶液时要从试剂瓶直接倒入滴定管，不要经过漏斗等其他容器)，此时应检查管下部是否有气泡，若有气泡，如为酸式滴定管可转动活塞，使溶液急速流下以驱走气泡；如为碱式滴定管，则可将橡皮管向上弯曲，并使尖嘴口稍高于玻璃珠所在处，用两手挤压，使溶液从尖嘴口流出，气泡即可除尽(图1-7)。

4) 滴定管读数：读数时，应将滴定管垂直夹在滴定管夹上，滴定管内的液面呈弯月形，浅色溶液读数时，眼睛视线与溶液弯月面下缘最低点应在同一水平上；深色溶液读数时，其弯月面难以看清，读数时可观察液面的上缘。读数时应估计到 0.01ml。注意：读数时眼睛的位置不同会得出不同的读数(图1-8)。

由于滴定管的刻度不可能非常均匀，所以在同一实验时的每次滴定中，溶液的体积应控制在滴定管刻度的同一部位，如第一次滴定在 0~25ml 部位，那么第二次滴定也应使用这个部位。这样可以抵消由于刻度不准而引起的误差。

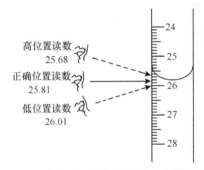

图 1-7　碱式滴定管排除气泡　　　　　　　　图 1-8　目光在不同的位置得到滴定管的读数

高位置读数 25.68

正确位置读数 25.81

低位置读数 26.01

5) 滴定操作：滴定时左手控制滴定管的活塞(图 1-9)，右手拿锥形瓶。使用酸式滴定管时，左手拇指在前，示指及中指在后，一起控制活塞(图 1-10)。转动活塞时，手指微微弯曲，轻轻向里扣住，手心不要顶住活塞小头一端，以免顶出活塞使溶液漏出。

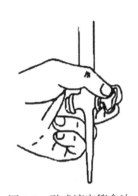

图 1-9　酸式滴定管拿法　　　　　　　　图 1-10　酸式滴定管操作

使用碱式滴定管时，用左手大拇指和示指捏挤玻璃珠所在部位稍上处的橡皮管(注意不要挤捏玻璃珠下部的橡皮管，如捏下部的橡皮管，放手时管尖会产生气泡)，使之与玻璃珠之间形成一条可控制的缝隙，溶液即可流出(图 1-11)。滴定时左手控制溶液流速和流量，右手拿住锥形瓶的瓶颈，并向同一方向作圆周运动旋摇，使两种溶液很快被分散均匀进行反应，但注意不要使瓶内溶液溅出。刚开始滴定时，滴定液滴出速度可稍快，但不能使滴出液呈线状。在接近终点时，滴定速度要放慢，每次加入一滴或半滴，并且用少量蒸馏水吹洗锥形瓶内壁，使溅起的溶液流下，反应完全，直至终点。半滴的滴法是将滴定管活塞稍稍转动，或轻微挤压玻璃珠所在部位稍上处(注意避免玻璃珠上下移动产生气泡)使半滴溶液悬于滴定管口，将锥形瓶内壁与管口接触，使溶液靠入锥形瓶中并用蒸馏水冲下。滴定结束后，立即读数，并不得将剩余滴定液倒回原瓶，随即洗净滴定管。

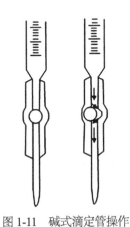

图 1-11　碱式滴定管操作

2. 容量瓶

(1) 容量瓶(图 1-12)是一种细颈梨形的平底瓶，带有磨口塞或塑料塞，颈上有标线，表示

图 1-12　容量瓶

在所指温度下当液体充满至标线时，液体体积恰好与瓶上标注的体积相等。容量瓶一般用来配制标准溶液、试样溶液或定量的稀释溶液。

(2) 容量瓶的使用

1) 检漏：将自来水放至标线附近，盖好瓶塞，瓶外的水用布擦拭干净，用左手按住瓶塞，右手顶住瓶底边缘，把瓶倒立 2min，观察周围是否有水渗出。如果不漏，将瓶直立，把瓶塞转动约 180° 后，再倒过来试一次。

2) 洗涤：量瓶可用超声波洗涤或洗液洗涤，待洗净后用蒸馏水润洗。

3) 溶液的配制：将称定重量的固体物质在烧杯中溶解后，再转入容量瓶中。转移时按图 1-13 所示操作，溶液全部倒完后，将烧杯轻轻沿玻璃棒上提 1～2cm，同时玻璃棒直立，使附着在玻璃棒与杯嘴之间的溶液流到容量瓶中，然后用蒸馏水润洗玻璃棒与烧杯 3 次，每次润洗液一并转入容量瓶中。当加入蒸馏水至容量瓶体积的 2/3 时，沿水平方向轻轻摇动容量瓶(注意不要盖瓶塞)，使溶液混匀。继续加蒸馏水，接近标线时，要慢慢滴加，直至溶液的弯月面与标线相切为止。此时盖好瓶塞，两手托住容量瓶并将容量瓶倒立，进行混匀操作，直至混匀为止(图 1-14)。

图 1-13　溶液转移入容量瓶

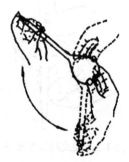

图 1-14　溶液的混匀

容量瓶不能久贮溶液，尤其是碱性溶液。如需要将溶液长期保存，应转移到试剂瓶中备用。容量瓶不能用火直接加热或烘烤，使用完毕应洗干净。

3. 移液管

(1) 移液管又叫吸量管(图 1-15)，用于准确移取一定体积的溶液，通常有两种形状，一种移液管中间有膨大部分，常用的有 1ml、2ml、5ml、10ml、25ml、50ml 等；另一种是直形的，管上带有刻度，常用的有 0.1ml、0.2ml、0.5ml、1ml、2ml、5ml、10ml 等不同规格。

(2) 洗涤：使用前用洗液或装有洗衣粉水的超声波洗涤，洗净后用蒸馏水润洗。

(3) 取液：洗净的移液管要用操作溶液润洗三次，以除去管内残留的水分。为此，可倒出少许溶液于洁净而干燥的小烧杯中，用移液管吸取少量溶液，将管放平转动，使溶液流过管内标线下所有内壁，然后使管直立将溶液由尖嘴口放出。

移取溶液时，一般用右手的大拇指和中指拿住颈标线上方的玻璃管，将下端插入溶液中 1～2cm，插入太深会使管外沾附溶液过多，影响量取溶液体

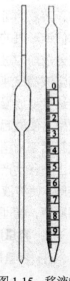

图 1-15　移液管

积的准确性；太浅往往会产生空吸。左手拿洗耳球，先把球内空气压出，然后把洗耳球的尖端接在移液管顶口，慢慢松开洗耳球使溶液吸入管内(图1-16)。当溶液吸至标线以上时，马上用右手示指按住管口，将移液管提离液面，用干净滤纸擦干管外溶液，然后略微放松示指，让溶液慢慢流出，使液面平稳下降，直到溶液的弯月面与标线相切时，立刻用示指压紧管口，把准备承接溶液的容器稍倾斜，将移液管移入容器中，使管垂直，管尖靠着容器内壁，松开示指，让管内溶液自然地全部沿壁流下，流完后再等待10~15s，取出移液管。管上未刻有"吹"字的，切勿把残留在管尖内的溶液吹出，因为在校正移液管时，已经考虑了末端所保留溶液的体积。移液管使用后，应洗净放在移液管架上。移液管是有刻度的精确玻璃量器，不宜放在烘箱中烘烤。

4. **碘量瓶** 碘量瓶是带有磨口玻璃塞和水槽的锥形瓶(图1-17)，喇叭形瓶口与瓶塞之间形成一圈水槽，槽中加蒸馏水可形成水封，防止瓶中溶液反应生成的气体(Br_2、I_2等)逸失。在滴定时可打开塞子，用蒸馏水将挥发在瓶口及塞子上的Br_2或I_2冲洗入碘量瓶。碘量瓶用于进行溴酸钾法和碘量法(滴定碘法)。

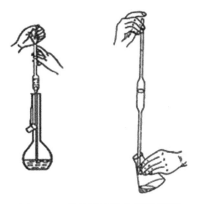

图1-16　移液管吸取与释放液体

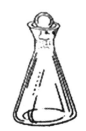

图1-17　碘量瓶

三、实验内容 (操作练习)

(1) 取火柴头大小的$K_2Cr_2O_7$，置烧杯中，加水溶解，定量转移至100ml容量瓶中。

(2) 用25ml移液管量取自来水4次，放入100ml容量瓶中。

(3) 滴定练习：酸碱滴定管滴定操作、读数操作。

四、注意事项

1. 滴定管、移液管洗净后使用时一定要用操作溶液润洗。

2. 滴定时，所用操作溶液的体积不能超过滴定管的容量。

3. 用铬酸洗液洗涤器皿要注意安全，用过的洗液应倒回原储存瓶中，切不可将洗液直接倒入水池。

4. 使用碱式滴定管时，应挤捏玻璃珠的上半部。

五、思考题

1. 滴定器皿为什么必须洗涤至不挂水珠为止?
2. 滴定管尖端存在气泡时对滴定结果有什么影响? 应如何排除?
3. 什么叫定量转移? 做到定量转移的关键是什么?
4. 滴定分析中, 需要用操作液润洗的容量器皿有哪些?
5. 吸取样品溶液和配制样品溶液时, 移液管和容量瓶是否要烘干?

第三部分　酸碱标准溶液的配制与滴定练习

一、实验目的

1. 练习滴定分析法的基本操作及常用指示剂的终点判断。
2. 学习容量分析器皿的准确读数。

二、实验原理

酸碱指示剂(acid-base indicator)一般是有机弱酸或弱碱, 其共轭酸式和共轭碱式的结构不同, 因而具有不同的颜色。指示剂的理论变色点取决于该指示剂的酸碱离解常数(K_{HIn}), 即指示剂达到离解平衡时溶液的 pH, 理论变色范围则在平衡点的 ±1 个 pH 单位, 因此, 在一定条件下, 指示剂所呈颜色决定于溶液的 pH。

在酸碱滴定过程中, 随着溶液 pH 的变化, 酸式和共轭碱式将相互转化, 从而引起溶液颜色的变化。在滴定反应中, 计量点前后(ΔV=0.04ml)pH 会产生一突跃(滴定突跃范围), 只要变色范围全部或部分处于滴定突跃范围内的指示剂即可用来指示终点, 滴定误差应小于±0.1%, 保证测定有足够的准确度。

三、仪器与试剂

仪器: 25ml 酸式滴定管, 25ml 碱式滴定管, 20ml 移液管, 250ml 锥形瓶。

试剂与试药:

0.1mol/L NaOH 溶液, 称取 NaOH(AR)2.2g, 置试剂瓶中, 加蒸馏水 500ml 使溶解, 摇匀, 即得。

0.1 mol/L HCl 溶液, 量取浓 HCl(AR, 1.19 g/ml)4.5ml, 置试剂瓶中, 加蒸馏水 500ml, 摇匀, 即得。

0.1%甲基橙指示剂, 称取甲基橙(AR)0.1g, 加蒸馏水 100 ml 溶解。

0.2%溴甲酚绿指示剂, 称取溴甲酚绿(AR)0.2g, 加 20%乙醇 100 ml 溶解。

0.1%甲基红指示剂，称取甲基红(AR)0.1g，加 60%乙醇 100ml 溶解。

0.2%酚酞指示剂，称取酚酞(AR)0.2g，加 95%乙醇 100 ml 溶解。

四、实验内容

（方法一）

1. HCl 滴定 NaOH　用移液管量取 0.1mol/L NaOH 溶液 20.00ml 于锥形瓶中，加 2 滴甲基红指示剂，用 0.1mol/L HCl 溶液滴定至溶液由黄变红，记下准确读数。重复 3 次，所用 HCl 溶液的体积之差不得超过 0.04ml，计算相对平均偏差。

2. NaOH 滴定 HCl　用移液管量取 0.1mol/L HCl 溶液 20.00ml 于锥形瓶中，加 1～2 滴酚酞指示剂，用 NaOH 溶液滴定至粉红色刚刚出现(30s 不褪色即为终点)，记下读数。重复 3 次，计算相对平均偏差。

（方法二）

1. HCl 滴定 NaOH　将 0.1mol/L NaOH 溶液、0.1mol/L HCl 溶液分别装满 25ml 碱式滴定管和 25ml 酸式滴定管，记录初始体积。以 10ml/min 的速度从碱式滴定管中放出 16.0ml NaOH 溶液于 250ml 锥形瓶中。加入 2 滴甲基红指示剂，用 0.1mol/L 的 HCl 溶液滴定至溶液由黄色变为红色，记下读数。再从碱式滴定管中放出 2.0ml NaOH 溶液(此时碱式滴定管读数为 18.0ml)于此锥形瓶中，继续用 HCl 溶液滴定至红色，记下读数。如此反复，每次均加入 2.0ml NaOH 溶液，至加入 NaOH 溶液体积为 24.0ml，得一系列 HCl 滴定体积(累积体积)，计算滴定的体积比 V_{HCl}/V_{NaOH}，计算相对平均偏差。要求 5 次结果的相对平均偏差不超过 ±0.2%。

2. 再分别以溴甲酚绿(由蓝色变为黄绿色)、甲基橙(由黄色变为橙色)为指示剂，练习用 HCl 滴定 NaOH，计算滴定的体积比 V_{HCl}/V_{NaOH}，计算相对平均偏差。要求 5 次结果的相对平均偏差不超过 ±0.2%。

五、数据记录及处理

方法一、HCl 滴定 NaOH　　　　　　　　　　　指示剂：

实验次数	1	2	3
V_{NaOH}(ml)			
V_{HCl}(始)(ml)			
V_{HCl}(终)(ml)			
ΔV_{HCl}(ml)			
$\bar{V}_{HCl}$(ml)			
$\dfrac{d}{\bar{V}_{HCl}} \times 100\%$			

方法一、NaOH 滴定 HCl　　　　　　　　　　　　　　　　　　　　　　　　　　指示剂：

实验次数	1	2	3
V_{HCl}(ml)			
$V_{NaOH(始)}$(ml)			
$V_{NaOH(终)}$(ml)			
ΔV_{NaOH}(ml)			
$\overline{V}_{NaOH}$ (ml)			
$\dfrac{d}{\overline{V}_{NaOH}} \times 100\%$			

方法二、HCl 滴定 NaOH　　　　　　　　　　　　　　　　　　　　　　　　　　指示剂：

	V_{NaOH}(ml)		V_{HCl}(ml)		V_{HCl}/V_{NaOH}	平均值 $\overline{V}$ (ml)	偏差 d(ml)	$\dfrac{d}{\overline{V}} \times 100\%$
	$V_{碱管}$	V_{NaOH}	$V_{酸管}$	V_{HCl}				
V_0		—		—	—		—	—
V_1								
V_2								
V_3								
V_4								
V_5								

六、注意事项

1. 滴定管加满一般指的是滴定管的起始体积数不大于 0.5ml。

2. 加半滴溶液的操作，使溶液悬挂在管尖上，形成半滴，用锥形瓶内壁将其沾落，再用洗瓶以少量蒸馏水吹洗瓶壁。

3. 振摇锥形瓶时，应使溶液向同一方向作圆周运动(左、右旋均可)，勿使瓶口接触滴定管，溶液也不得溅出。

七、思考题

1. 滴定管和移液管在使用前如何处理？锥形瓶是否需要干燥？

2. 遗留在移液管尖嘴内的最后一滴溶液是否需要吹出？

3. 为什么体积比用累积体积而不用每次加入的 2.0ml 计算？

 ## 实验三　综合性实验——0.1mol/L HCl 标准溶液的配制、标定与混合碱中各组分的含量测定

一、实验目的

1. 进一步掌握滴定的基本操作。

2. 掌握酸标准溶液的配制方法。

3. 掌握酸标定的方法及原理。

4. 掌握用双指示剂法测定混合碱中各组分含量的方法。

5. 熟悉酸碱分步滴定的原理。

二、实验原理

标准溶液是指已知准确浓度的试剂溶液。其配制方法通常有两种：直接法和标定法。直接法是指准确称取一定质量的物质，经溶解后定量转移到容量瓶中，并稀释至刻度，摇匀。根据称取物质的质量和容量瓶的体积即可算出该标准溶液的准确浓度。适用此方法配制标准溶液的物质必须是基准物质。标定法是指先配成近似所需浓度的溶液，再用基准物质或已知准确浓度的标准溶液标定其准确浓度。HCl 标准溶液在酸碱滴定中最常用，但由于浓 HCl 易挥发，故只能选用标定法来配制。常用于标定酸标准溶液的基准物质有无水碳酸钠和硼砂。本实验选用基准无水碳酸钠标定盐酸溶液，其反应为

$$2HCl + Na_2CO_3 \Longrightarrow 2NaCl + CO_2\uparrow + H_2O$$

终点时呈弱酸性(pH=3.9)，可选用甲基橙或甲基红-溴甲酚绿作指示剂。

酸浓度的标定还可采用已知准确浓度的 NaOH 标准溶液进行标定。

混合碱是指 Na_2CO_3 与 $NaHCO_3$ 或 Na_2CO_3 与 NaOH 等类似的混合物。测定各组分的含量时，可以在同一试液中分别用两种不同的指示剂来指示终点进行测定，这种测定方法即双指示剂法。若混合碱是由 Na_2CO_3 和 NaOH 组成，先以酚酞作指示剂，用 HCl 标准溶液滴定至溶液由红色变成无色，这是第一个滴定终点，此时消耗 HCl 溶液的体积记为 $V_1(ml)$，溶液中的滴定反应为

$$Na_2CO_3 + HCl \Longrightarrow NaHCO_3 + NaCl$$
$$NaOH + HCl \Longrightarrow NaCl + H_2O$$

再加入甲基橙指示剂，滴定至溶液由黄色变成橙色，此时反应为

$$NaHCO_3 + HCl \Longrightarrow NaCl + H_2O + CO_2\uparrow$$

消耗 HCl 溶液的体积为 $V_2(ml)$。根据(V_1-V_2)计算 NaOH 含量，由 $2V_2$ 值计算出试样中 Na_2CO_3 的含量。

三、仪器与试剂

仪器：分析天平，25ml 酸式滴定管，250ml 锥形瓶，量筒，烧杯，玻璃棒，滴定装置，洗瓶，称量瓶。

试剂：无水碳酸钠(基准物)，甲基红-溴甲酚绿混合指示剂，HCl 标准溶液(0.1mol/L)，甲基橙指示剂(0.2%水溶液)。

混合碱液试样：将 3g Na_2CO_3 和 2g NaOH 用蒸馏水溶解后稀释至 1000ml。

甲基红-溴甲酚绿指示剂：取 0.1%甲基红乙醇溶液 20ml 与 0.2%溴甲酚绿乙醇溶液 30ml 混合，摇匀。

四、实验内容

1. HCl 溶液(0.1mol/L)的配制 用洁净量筒量取浓 HCl(ρ=1.19g/ml)约 4.5ml，倒入 500ml 试剂瓶中，加蒸馏水至 500ml，摇匀，即得。

2. HCl 溶液浓度的标定

方法一：取在 270~300℃干燥至恒重的基准无水碳酸钠约 2.5g，精密称定，置小烧杯中，加适量蒸馏水使溶解，全部转移至 250ml 容量瓶中，加蒸馏水至刻度，摇匀。精密吸取 20.00ml 于 250ml 锥形瓶中，加蒸馏水 30ml，加甲基红-溴甲酚绿混合指示剂 5 滴，用 HCl 标准溶液 (0.1mol/L)滴定至溶液由绿色转变为紫红色(绿色与红色混合色)，煮沸 2min，冷却至室温，继续滴定至溶液由绿色变为暗紫色，即为终点。记录读数，按下式计算 HCl 标准溶液的浓度。

$$c_{HCl}=\frac{2m_{NaC_2O_3}\times 1000}{M_{NaC_2O_3}\times V_{HCl}} \qquad M_{NaC_2O_3}=106.1g/mol$$

数据记录与处理

	xx.xxxx		
基准物称量(g)	xx.xxxx 配制成 250.0ml 溶液		
	0.xxxx		
基准物质溶液(ml)	20.00	20.00	20.00
V_{HCl}^0(ml)			
V_{HCl}^e(ml)			
V_{HCl}(ml)			
c_{HCl}(mol/L) (保留四位有效数字)			
$\overline{c}_{HCl}$(mol/L) (保留四位有效数字)			
$\overline{d_r}$(%) (保留两位有效数字)			

方法二：取在 270~300℃干燥至恒重的基准无水碳酸钠约 0.1g，精密称定，置 250ml 锥形瓶中，加蒸馏水 50ml 使溶解后，加甲基红-溴甲酚绿混合指示剂 5 滴，用 HCl 标准溶液 (0.1mol/L)滴定至溶液由绿色转变为紫红色，煮沸 2min，冷至室温，继续滴定至溶液由绿色变为暗紫色，即为终点。记录读数，按上式计算 HCl 标准溶液的浓度。

数据记录与处理

	1 份	2 份	3 份
称量			
称量瓶+基准物质量(g)			
倒出后称量瓶+基准物质量(g)			
基准物质量(g)			
标定			
滴定管最终读数			
滴定管最初读数			
消耗标准液体积(ml)			

	1 份	2 份	3 份
计算			
c_{HCl}(mol/L)			
$\bar{c}_{HCl}$(mol/L)			
$\bar{d_r}$(%)			

3. 混合碱中各组分的含量测定　精密移取 20.00ml 混合碱液于锥形瓶中，加入 2 滴酚酞指示剂，用 HCl 标准溶液滴定至溶液由红色变为无色，即为第一个终点，记下所用 HCl 溶液的体积 V_1。再加 1～2 滴甲基橙指示剂，继续用 HCl 标准溶液滴定至溶液由黄色变为橙色，煮沸 2min，冷却至室温，继续滴定至溶液出现橙色，即为第二个终点，记下所用 HCl 溶液的体积 V_2。按下式计算含量。

$$Na_2CO_3(g/100ml) = \frac{c_{HCl} \cdot V_2 M_{Na_2CO_3}}{20.00 \times 1000} \times 100 \; (M_{Na_2CO_3} = 105.99g/mol)$$

$$NaOH(g/100ml) = \frac{c_{HCl}(V_1 - V_2) M_{NaOH}}{20.00 \times 1000} \times 100 \; (M_{NaOH} = 40.00g/mol)$$

数据记录与处理

次数		1	2	3
V_1^0(ml)	酚酞			
V_1^e(ml)				
V_1(ml)				
V_2^0(ml)	甲基橙			
V_2^e(ml)				
V_2(ml)				
NaOH(%)				
NaOH(%)平均值(保留四位有效数字)				
$\bar{d_r}$(%) (保留两位有效数字)				
Na_2CO_3(%)				
Na_2CO_3(%)平均值(保留四位有效数字)				
$\bar{d_r}$(%) (保留两位有效数字)				

五、思考题

1. 溶解基准物质的水的体积，是否需要准确?为什么?
2. 记录滴定管读数时应准确到小数点后几位? 标准溶液的浓度应保留几位有效数字?

3. 标定 HCl 溶液时，无水碳酸钠的质量是怎样计算得来的?

4. 用邻苯二甲酸氢钾标定 NaOH 溶液时，为什么用酚酞而不用甲基橙作指示剂? 用碳酸钠作基准物标定 HCl 时，为什么不用酚酞作指示剂?

5. 配制 NaOH 标准溶液和溶解邻苯二甲酸氢钾时，为什么要求用新煮沸后刚冷却的蒸馏水?

实验四　综合性实验——0.1mol/L NaOH 标准溶液的配制、标定与水溶液中多元酸的含量测定

一、实验目的

1. 进一步掌握滴定的基本操作。
2. 掌握碱标准溶液的配制方法。
3. 掌握碱标准溶液的标定方法及原理。
4. 掌握酸碱滴定法测定水溶液中多元酸含量的原理及方法。

二、实验原理

标准溶液是指已知准确浓度的试剂溶液。其配制方法通常有两种：直接法和标定法。直接法是指准确称取一定质量的物质经溶解后定量转移到容量瓶中，并稀释至刻度，摇匀。根据称取物质的质量和容量瓶的体积即可算出该标准溶液的准确浓度。适用此方法配制标准溶液的物质必须是基准物质。标定法是指先配成近似所需浓度的溶液，再用基准物质或已知准确浓度的标准溶液标定其准确浓度。NaOH 标准溶液在酸碱滴定中最常用，但由于 NaOH 固体易吸收空气中的 CO_2 和水蒸气，故只能选用标定法来配制。

常用于标定碱标准溶液的基准物质有邻苯二甲酸氢钾、草酸等。本实验选用邻苯二甲酸氢钾作基准物质，其反应为

$$\underset{\text{COOK}}{\underset{|}{\text{COOH}}}\!\!\!\!\!\!\!\!\!\!\!\!\!\!\!\!\bigcirc + \text{NaOH} \Longrightarrow \underset{\text{COOK}}{\underset{|}{\text{COONa}}}\!\!\!\!\!\!\!\!\!\!\!\!\!\!\!\!\bigcirc + \text{H}_2\text{O}$$

化学计量点时，溶液呈弱碱性(pH=9.20)，可选用酚酞作指示剂。

碱浓度的标定还可采用已知准确浓度的 HCl 标准溶液进行标定。

在水溶液中，若酸的 $K_a c \geqslant 10^{-8}$，则该酸可用碱标准溶液直接滴定。多元酸在水溶液中分步离解，当满足 $K_{a_1} = 5.9 \times 10^{-2}$ 及 $K_{a_1} / K_{a_2} \geqslant 10^4$ 时，能被分步滴定，反之则不能分步滴定。

草酸是无色透明或白色的粉末，由水中结晶获得的试剂含 2 分子结晶水($H_2C_2O_4 \cdot 2H_2O$)。草酸是二元酸，易溶于水，在水中可解离出 H^+，其解离常数为 $K_{a_1} = 5.4 \times 10^{-2}$，$K_{a_2} = 5.4 \times 10^{-5}$，因此可用碱标准溶液直接滴定。由于 K_{a_1} 和 K_{a_2} 比较接近，因而并不出现两个突跃而被一次滴

定，计量点时溶液的 pH 为 8.4，可用酚酞作指示剂。滴定反应式为

$$H_2C_2O_4 + 2NaOH \longrightarrow Na_2C_2O_4 + 2H_2O$$

枸橼酸为无色透明或白色结晶型粉末，由水中结晶获得的试剂含 1 分子结晶水。枸橼酸是三元酸，易溶于水，在水中可解离出 H^+，其解离常数为 $K_{a_1} = 8.7 \times 10^{-4}$，$K_{a_2} = 8.7 \times 10^{-5}$，$K_{a_3} = 8.7 \times 10^{-6}$，因此可用碱标准溶液直接滴定。由于 K_{a_1}、K_{a_2} 和 K_{a_3} 都比较接近，因而滴定过程中不出现多个突跃而被一次滴定，计量点时 pH 为 8.65，可用酚酞为指示剂。滴定反应式

$$C_6H_5O_7H_3 + 3NaOH \longrightarrow C_6H_5O_7Na_3 + 3H_2O$$

多元酸质量分数计算公式

$$w_A = \frac{1}{a} \times \frac{c_{NaOH} V_{NaOH} M_A}{m_S \times 1000} \times 100\%$$

(草酸：$H_2C_2O_4 \cdot 2H_2O$，$M_A = 126.07 \ g/mol$，$a = 2$；枸橼酸：$C_6H_8O_7 \cdot H_2O$，$M_A = 210.1 g/mol$，$a = 3$)

三、仪器与试剂

仪器：分析天平，25ml 酸式滴定管，250ml 锥形瓶，称量瓶，量筒，烧杯，玻璃棒，滴定装置，洗瓶。

试剂：邻苯二甲酸氢钾(基准物)，酚酞指示剂(0.2%的乙醇溶液)，多元酸样品(草酸或枸橼酸)。

四、实验内容

1. NaOH 溶液 (0.1mol/L) 的配制

(1) 用玻璃烧杯在台秤上迅速称取 4.4g NaOH 固体，加约 50ml 新煮沸过的冷蒸馏水溶解，转移至试剂瓶中，用蒸馏水稀释至 1000ml，摇匀后，用橡皮塞塞紧。

(2) 取 NaOH 约 120g，加蒸馏水 100ml，搅拌使溶解。冷却后转入塑料瓶中，静置数日，此为 NaOH 的饱和水溶液。量取 NaOH 的饱和水溶液 5.6ml，加新煮沸过的冷蒸馏水稀释至 1000ml。

2. NaOH 溶液浓度的标定

取 0.4～0.5g 于 105～110℃已干燥至恒重的邻苯二甲酸氢钾，精密称定，置 250ml 锥形瓶中，加 20～30ml 新煮沸后刚冷却的蒸馏水溶解(若不溶可稍加热或超声使溶解)，加入 1～2 滴酚酞指示剂，用 NaOH 标准溶液(0.1mol/L)滴定至溶液呈微红色，半分钟不褪色，即为终点。记录读数，按下式计算 NaOH 标准溶液的浓度。

$$c_{NaOH} = \frac{m_{KHC_8H_4O_4} \times 1000}{M_{KHC_8H_4O_4} \times V_{NaOH}} \qquad (M_{KHC_8H_4O_4} = 204.2 g/mol)$$

3. 多元酸的含量测定

取样品约 0.14g，精密称定，置 250ml 锥形瓶中，加水 50ml 使完全溶解，加酚酞指示剂 1～2 滴，用 0.1mol/L NaOH 标准溶液滴定至溶液呈淡粉红色，30s 不

褪即为终点。根据 NaOH 标准溶液的浓度和消耗的体积，计算试样中酸的含量，平行测定 3 次，要求相对平均偏差应小于 0.2%。

4. 数据记录

(1) 原始数据用下表记录

	1 份	2 份	3 份
称量			
称量瓶+基准物质量(g)			
倒出后称量瓶+基准物质量(g)			
基准物质量(g)			
标定			
滴定管最终读数			
滴定管最初读数			
消耗标准液体积(ml)			

(2) 多元酸的含量测定

	1 份	2 份	3 份
样品			
$V_{NaOH(始)}$(ml)			
$V_{NaOH(终)}$(ml)			
V_{NaOH}(ml)			
含量 w_A(%)			
平均含量 $\overline{w}_A$(%)			
相对平均偏差(%)			

五、注意事项

1. 多元弱酸滴定，近终点时需不停地摇动。

2. 终点判断的经验：当加入 1 滴 NaOH 标准溶液后，溶液由无色变为红色(较深)，经振摇，30s 内颜色褪去，可再加半滴，即可至终点。当加入 1 滴 NaOH 标准溶液后，溶液由无色变为红色(微红)，经振摇，30s 内颜色褪去，可再加 1 滴，即可至终点。

六、思考题

1. 溶解基准物质的水的体积，是否需要准确？为什么？

2. 记录滴定管读数时应准确到小数点后几位？标准溶液的浓度应保留几位有效数字？

3. 用邻苯二甲酸氢钾标定 NaOH 溶液时，为什么用酚酞而不用甲基橙作指示剂？

4. 配制 NaOH 标准溶液和溶解邻苯二甲酸氢钾时，为什么要求用新煮沸后刚冷却的蒸馏水?

5. 为什么草酸或枸橼酸可用 NaOH 标准溶液直接滴定?

6. 操作步骤中，每份样品重约 0.14g，是怎样求得的? 现一份样品倒出过多，其质量达 0.1694g，是否需要重新称?

实验五　综合性实验——0.1mol/L 高氯酸标准溶液的配制、标定与水杨酸钠的含量测定

一、实验目的

1. 掌握高氯酸标准溶液的配制与标定方法。
2. 熟悉非水溶液酸碱滴定的原理和操作条件。
3. 通过测定水杨酸钠的含量熟悉非水溶液酸碱滴定基本操作。

二、实验原理

冰醋酸是滴定弱酸常用的溶剂。常见的酸在冰醋酸中以高氯酸的酸性最强，故在非水滴定中常用高氯酸作标准溶液。邻苯二甲酸氢钾在冰醋酸中显碱性，以其为基准物标定高氯酸标准溶液，滴定反应为

$$\text{（邻苯二甲酸氢钾结构式）—COOH／—COOK} + HClO_4 \rightleftharpoons \text{（邻苯二甲酸结构式）—COOH／—COOH} + KClO_4$$

采用结晶紫为指示剂，用高氯酸的冰醋酸溶液滴定至溶液由紫色变为蓝色即为终点。

水杨酸钠是有机酸的碱金属盐，在水溶液中碱性较弱，不能直接进行酸碱滴定。在非水-冰醋酸介质中，由于冰醋酸的弱酸性，使水杨酸钠在此溶液中的碱性增强，可用高氯酸标准溶液滴定，其滴定反应为

$$\text{（水杨酸钠结构式）—COONa／—OH} + HClO_4 \rightleftharpoons \text{（水杨酸结构式）—COOH／—OH} + NaClO_4$$

采用结晶紫为指示剂，用高氯酸的冰醋酸溶液滴定至溶液由紫色变为蓝色即为终点。

三、仪器与试剂

仪器：分析天平，称量瓶，25ml 酸式滴定管，250ml 锥形瓶，量筒，烧杯，滴定装置。

试剂：高氯酸(AR)，冰醋酸(AR)，乙酸酐(AR)，邻苯二甲酸氢钾(基准物)，结晶紫指示剂，水杨酸钠试样，高氯酸标准溶液(0.1mol/L)。

结晶紫指示剂的配制：取 0.5g 结晶紫，加 100ml 无水冰醋酸溶解。

四、实验内容

1. 高氯酸标准溶液(0.1mol/L)的配制　取无水冰醋酸(按含水量计算，每 1g 水加乙酸酐 5.22ml)750ml，加入高氯酸(70%～72%)8.5ml，摇匀，在室温下缓缓滴加乙酸酐 23ml，边加边摇，加完后再振摇均匀，放冷，加无水冰醋酸适量使成 1000ml，摇匀，放置 24h。

2. 高氯酸标准溶液(0.1mol/L)的标定　取在 105℃干燥至恒重的基准邻苯二甲酸氢钾约 0.16g，精密称定，置于锥形瓶中，加无水冰醋酸 20ml 使溶解，加结晶紫指示剂 1 滴，用本液滴定至溶液由紫色变为蓝色即为终点，并将滴定结果用空白试验校正。

$$c_{HClO_4} = \frac{m_{KHC_8H_4O_4} \times 1000}{M_{KHC_8H_4O_4}(V_{HClO_4} - V_{空})} \, (M_{KHC_8H_4O_4} = 204.2 \text{g/mol})$$

3. 水杨酸钠的含量测定　取在 105℃干燥的水杨酸钠试样约 0.12g，精密称定，置于锥形瓶中，加入乙酸酐-冰醋酸(1∶4)混合溶剂 10ml 使溶解，加结晶紫指示剂 1 滴，用高氯酸标准溶液(0.1mol/L)滴定至溶液由紫色变为蓝绿色为终点，并将滴定结果用空白试验校正。按下式计算水杨酸钠的含量。

$$C_7H_5O_3Na\% = \frac{C_{HClO_4} \times (V_{样} - V_{空白}) \dfrac{M_{C_7H_5O_3Na}}{1000}}{W_{样}} \times 100\% \, (M_{C_7H_5O_3Na} = 160.1 \text{g/mol})$$

五、注意事项

1. 配制高氯酸标准溶液时，不能将乙酸酐直接加入高氯酸中，应先用冰醋酸将高氯酸稀释后再缓缓加入乙酸酐。

2. 高氯酸标准溶液的体积，随室温的变化而改变。因此在标定及样品测定时的温度均应注意，必要时应修正标准溶液的浓度；冰醋酸的体积膨胀系数较大，其体积随温度改变较大，故测定与标定时温度超过 10℃，应重新标定。若未超过 10℃，可根据下式将高氯酸的浓度加以校正。

$$c_1 = \frac{c_0}{1 + 0.0011(t_1 - t_0)}$$

带教提示

1. 使用的仪器不能有水，应洗净、烘干。

2. 高氯酸、冰醋酸均能腐蚀皮肤和刺激黏膜，应注意防护。

3. 结晶紫为指示剂,其终点变化为紫→蓝紫→纯蓝。

3. 配好的标准溶液应贮存在棕色瓶中密闭保存。

4. 所使用的仪器均应干燥。

六、思考题

1. 为什么邻苯二甲酸氢钾既可标定碱(NaOH)，又可标定酸(HClO₄ 的冰醋酸溶液)?

2. 在非水酸碱滴定中，若容器、试剂含有微量水分，对测定结果有什么影响？

3. 在水杨酸钠的含量测定中，若试样为苯甲酸，在本实验条件下能否进行？为什么？

实验六　综合性实验——0.01mol/L EDTA 标准溶液的配制、标定与水的硬度测定

一、实验目的

1. 掌握 EDTA 标准溶液的配制和标定方法并从中了解配位滴定的特点。
2. 熟悉铬黑 T 指示剂对滴定终点的判断。
3. 掌握配位滴定法测定水的硬度的原理和方法。
4. 了解水的硬度的测定意义及常用硬度的表示方法。
5. 熟悉 K-B 指示剂、铬黑 T 指示剂的使用及终点颜色变化的观察。

二、实验原理

EDTA 标准溶液的配制常用乙二胺四乙酸的二钠盐,因其不宜得到纯品,故用间接法配制。以 ZnO 为基准物标定其浓度，在 pH=10 的条件下，用铬黑 T 为指示剂，终点时溶液颜色由紫红色变为纯蓝色。

滴定前　　$Zn^{2+} + HIn^{2-} \Longrightarrow ZnIn^- + H^+$
　　　　　　　　　　纯蓝色　　紫红色

滴定中　　$Zn^{2+} + H_2Y^{2-} \Longrightarrow ZnY^{2-} + 2H^+$

终点时　　$ZnIn^- + H_2Y^{2-} \Longrightarrow ZnY^{2-} + HIn^{2-} + H^+$
　　　　紫红色　　　　　　　　　　　纯蓝色

水的硬度主要是由于水中含有钙盐和镁盐，其他金属离子如铁、铝、锰、锌等也形成硬度，但一般含量甚少，测定水的硬度时可忽略不计。

水的硬度分为暂时硬度和永久硬度。暂时硬度是指水中含有的钙、镁的酸式碳酸盐，遇热即成碳酸盐沉淀而失去硬性；永久硬度是指水中含有的钙、镁的硫酸盐、氯化物、硝酸盐，在加热时也不生成沉淀。

暂时硬度和永久硬度的总和称为"总硬"。由镁离子形成的硬度称为"镁硬"，由钙离子形成的硬度称为"钙硬"。

测定水的硬度常采用配位滴定法，用乙二胺四乙酸二钠盐(EDTA)溶液滴定水中 Ca、Mg 总量，然后换算为相应的硬度单位。水的总硬度的测定在 pH=10 的 $NH_3 \cdot H_2O$-NH_4Cl 缓冲溶液中进行，以铬黑 T(EBT)为指示剂，用 EDTA 标准溶液滴定至溶液由酒红色变为纯蓝色即为终点。

滴定前 (蓝色)EBT + $\begin{array}{c} Mg^{2+} \\ Ca^{2+} \end{array}$ $\longrightarrow$ $\begin{array}{c} Mg\text{-}EBT \\ Ca\text{-}EBT \end{array}$ (酒红色)

$$\text{终点时 EDTA} + \begin{matrix} \text{Mg-EBT} \\ \text{Ca-EBT} \end{matrix} \text{(酒红色)} \longrightarrow \begin{matrix} \text{Mg-EDTA} \\ \text{Ca-EDTA} \end{matrix} + \text{EBT(蓝色)}$$

带教提示

1. $Na_2H_2Y \cdot 2H_2O$ 溶解慢,可微热溶解或放置过夜。

2. ZnO 一定要被稀 HCl 完全溶解后方可进行下一步操作。

3. 滴加氨试液须缓慢加入,并振摇。

钙硬的测定是在 pH≥12 时,以 K-B 为指示剂,用 EDTA 溶液滴定至溶液由紫红色变为淡紫色,即为终点。此时,当 pH≥12 时,$Mg^{2+} + 2OH^- \Longrightarrow Mg(OH)_2\downarrow$。

我国规定可饮用水的总硬度(以 $CaCO_3$ 计)不得超过 450mg/L。

三、仪器与试剂

仪器:分析天平,称量瓶,25ml 酸式滴定管,250ml 锥形瓶,量筒,烧杯,玻璃棒,滴定装置,洗瓶。

试剂:乙二胺四乙酸二钠($Na_2H_2Y \cdot 2H_2O$,AR),ZnO(基准试剂),稀 HCl(1:1),甲基红指示剂(0.2%的乙醇溶液),EDTA 标准溶液(0.01mol/L),铬黑 T 指示剂,K-B 指示剂,$NH_3 \cdot H_2O$-NH_4Cl 缓冲液(pH=10)。

K-B 指示剂:称取酸性铬蓝 K 1g、萘酚氯 B 2g 和 KNO_3 40g 研细,混匀,即得。

$NH_3 \cdot H_2O$-NH_4Cl 缓冲溶液(pH=10):取 5.48g NH_4Cl,加蒸馏水 20ml 溶解后,加入 35ml 浓氨水,用蒸馏水稀释至 100ml。

铬黑 T 指示剂:取铬黑 T 0.1g 与研细的干燥的 NaCl 10g 混匀。

氨试液:取浓氨水 40ml,加蒸馏水稀释到 100ml。

四、实验内容

1. 0.01mol/L EDTA 标准溶液的配制 称取 $Na_2H_2Y \cdot 2H_2O$ 约 2g,加蒸馏水 200ml 温热使溶解,然后加蒸馏水稀释至 500ml,摇匀,贮存于聚乙烯瓶中。

2. 0.01mol/L EDTA 标准溶液的标定 取已在 800℃灼烧至恒重的基准 ZnO 0.45g,精密称定,置小烧杯中,加稀 HCl(1:1)3ml 使溶解,全部转移至 250ml 容量瓶中,加蒸馏水至刻度,摇匀。精密吸取 10.00ml 于 250ml 锥形瓶中,加蒸馏水 25ml,甲基红指示剂 1滴,滴加氨试液使溶液呈微黄色,加入 $NH_3 \cdot H_2O$-NH_4Cl 缓冲溶液 10ml 和铬黑 T 指示剂 3滴,摇匀,用 EDTA 标准溶液滴定至溶液由紫红色变为纯蓝色即为终点。按下式计算 EDTA 的浓度。

$$c_{EDTA} = \frac{\frac{m_{ZnO}}{25} \times 1000}{M_{ZnO} \times V_{EDTA}} \text{(mol/L)} \ (M_{ZnO} = 81.38 \text{ g/mol})$$

数据记录与处理

基准物称量(g)	xx.xxxx 配制成 250.0ml 溶液		
	xx.xxxx		
	0.xxxx		
基准物质溶液(ml)	10.00	10.00	10.00
V_{EDTA}^0(ml)			
V_{EDTA}^e(ml)			
V_{EDTA}(ml)			
c_{EDTA}(mol/L) (保留四位有效数字)			
$\bar{c}_{EDTA}$(mol/L) (保留四位有效数字)			
相对平均偏差(%)			

3. 水的总硬度的测定 精密量取水样 100ml 于 250ml 锥形瓶中，加入 5ml NH₃·H₂O-NH₄Cl 缓冲液(pH=10)，加铬黑 T 指示剂 4 滴，摇匀，用 EDTA 标准溶液(0.01mol/L)滴定至溶液由紫红色变为纯蓝色，即为终点。按下式计算水样的总硬度(以 CaCO₃ 计)。

$$总硬度(以 CaCO_3 计) = \frac{c_{EDTA}(V_{EDTA} - V_0) \times M_{CaCO_3}}{V_{水样}} \times 1000(mg/L)$$

$M_{CaCO_3} = 100.09$，V_0 为空白试验所用 EDTA 的体积值

数据记录与处理

	自来水样			去离子水	
自来水体积(ml)	100.0	100.0	100.0	去离子水体积(ml)	100.0
V_{EDTA}^0(ml)				V_{EDTA}^0(ml)	
V_{EDTA}^e(ml)				V_{EDTA}^e(ml)	
V_{EDTA}(ml)				空白值 V_0(ml)	
总硬度(mg/L)					——
总硬度平均值(mg/L)					——
相对平均偏差(%)					——

结论：

4. 钙的硬度测定 精密量取水样 100ml 于 250ml 锥形瓶中，加入 4ml 10% NaOH 溶液，摇匀，再加入绿豆大小 K-B 指示剂，摇匀后用 EDTA 标准溶液(0.01mol/L)滴定至溶液由酒红色变为淡紫色即为终点。计算钙硬度。由总硬度和钙硬度求出镁硬度。

五、注意事项

1. EDTA 溶液应贮存在硬质玻璃瓶或聚乙烯瓶中，防止 EDTA 与玻璃中的金属离子作用。

2. 配合反应为分子反应，反应速度不如离子反应快，故近终点时，滴定速度不宜太快。

3. 滴加氨试液至溶液呈微黄色,应边加边摇,加多了会生成 Zn(OH)₂ 沉淀,若产生 Zn(OH)₂ 沉淀应再用稀 HCl 调回至沉淀刚溶解。

六、思考题

1. 为什么 ZnO 溶解后要加甲基红指示剂以氨试液调节至微黄色?
2. 为什么在滴定时要加 $NH_3 \cdot H_2O-NH_4Cl$ 缓冲溶液?
3. 为什么常将铬黑 T 指示剂配成固体,而不用铬黑 T 水溶液?

 实验七 中药白矾的含量测定

一、实验目的

1. 掌握配位滴定法中剩余滴定法的原理、操作及计算。
2. 掌握用二甲酚橙作指示剂判断终点。

二、实验原理

中药白矾中主要含 $KAl(SO_4)_2 \cdot 12H_2O$,通过测定其中铝的含量,再换算成硫酸铝钾的含量。Al^{3+}能与 EDTA 形成比较稳定的络合物,但反应速率较慢,因此采用剩余滴定法,即准确加入定量过量的 EDTA 标准溶液,加热使反应完全。

$$Al^{3+} + H_2Y^{2-} \xrightarrow{\quad\quad} AlY^- + 2H^+$$
定量过量

然后再用 Zn^{2+}标准溶液滴定剩余的 EDTA。

$$H_2Y^{2-} + Zn^{2+} \xrightarrow{\quad\quad} ZnY^{2-} + 2H^+$$
剩余量

返滴时以二甲酚橙作指示剂,在 pH<6.3 的条件下滴定,到达终点时溶液由黄色变为橙色。

$$Zn^{2+} + XO \longrightarrow Zn\text{-}XO$$

　　　　黄色　　　　　橙色

三、仪器与试剂

仪器:分析天平,称量瓶,25ml 酸式滴定管,25ml 移液管,250ml 锥形瓶,100ml 容量瓶,量筒,烧杯,玻璃棒,滴定装置,水浴锅,洗瓶。

试剂:EDTA 标准溶液(0.05mol/L),$ZnSO_4$标准溶液(0.05mol/L),中药白矾,0.2%二甲酚橙水溶液,六次甲基四胺(乌洛托品)。

四、实验内容

取白矾约 0.9g,精密称定,置于烧杯中,加蒸馏水使溶解,定量转移至 100ml 容量瓶中,加蒸馏水稀释至刻度，摇匀。精密量取 25.00ml 于锥形瓶中，准确加入 EDTA 标准溶液 (0.05mol/L)25.00ml，在沸水浴中加热 10min，冷却至室温，加蒸馏水 50ml，六次甲基四胺 5g 及 4 滴二甲酚橙指示剂，再用 ZnSO₄ 标准溶液(0.05mol/L)滴定至溶液由黄色变为橙色即为终点。按下式计算白矾的含量。

$$白矾\% = \frac{\left[(cV)_{EDTA} - (cV)_{ZnSO_4}\right] \times \dfrac{M_{KAl(SO_4)_2 \cdot 12H_2O}}{1000}}{W_{样} \times \dfrac{25.00}{100}} \times 100\% \ (M_{KAl(SO_4)_2 \cdot 12H_2O} = 474.38 g/mol)$$

五、注意事项

1. 样品溶于水后，会缓慢水解且呈混浊状态，在加入过量 EDTA 溶液后，即可溶解，故不影响测定。

2. 加热促进 Al^{3+} 与 EDTA 配位反应，一般在沸水浴中加热 3min，反应程度可达 99%，为使反应完全，可加热 10min。

3. pH<6 时，游离二甲酚橙呈黄色，滴定至终点时，微过量的 Zn^{2+} 与部分二甲酚橙配合成红紫色，黄色与红紫色组合成橙色。

4. 在滴定溶液中加入六次甲基四胺控制溶液的 pH 5~6，因 pH<4 时，配合不完全，pH>7 时，会生成 $Al(OH)_3$ 沉淀。

> **带教提示**
>
> 1. 白矾较难溶于水，需少量多次使之溶解并定容。
> 2. 药典规定，白矾含水硫酸钾铝 [KAl(SO₄)₂·12H₂O]不得少于 99.0%。

六、思考题

1. 测定铝盐为什么必须采用剩余滴定法？能用铬黑 T 作指示剂吗？

2. 二甲酚橙是如何指示终点的？为什么只能在酸性溶液中滴定？还可采用何种试剂控制酸度？

 实验八　混合物中钙和镁的含量测定

一、实验目的

1. 掌握钙指示剂的原理及使用条件。
2. 了解混合试样的测定方法。

二、实验原理

Ca^{2+}、Mg^{2+} 共存时的定量测定，可在一份溶液中进行，也可平行取两份溶液进行。前一种方法是先在 pH 12 时滴定 Ca^{2+}，后将溶液调至 pH 10 时滴定 Mg^{2+}(先调至 pH≈3，再调至 pH≈10，以防止 $Mg(OH)_2$ 或 $MgCO_3$ 等形式存在而溶解不完全)。后一种方法是一份试液在 pH 10 时滴定 Ca^{2+}、Mg^{2+}总量，另一份在 pH 12 时滴定 Ca^{2+}，用差减法求出 Mg^{2+}的量。本实验采用后一种方法。

一份溶液调节 pH≈10，以铬黑 T 为指示剂，用 EDTA 标准溶液滴定 Ca^{2+} 和 Mg^{2+}总量。另一份溶液调节 pH 12~13，此时，Mg^{2+}生成 $Mg(OH)_2$ 沉淀，故可用 EDTA 单独滴定 Ca^{2+}。在 pH 12~13 时钙指示剂与 Ca^{2+}形成稳定的粉红色配合物，而游离指示剂为蓝色，故终点由粉红色变为蓝色。

三、仪器与试剂

仪器：250ml 锥形瓶 3 个，50ml 酸式滴定管 1 支，分析天平。

试剂：钙盐，镁盐，二乙胺，钙指示剂，EDTA 标准溶液(0.05mol/L)，$NH_3 \cdot H_2O$-NH_4Cl 缓冲液，铬黑 T 指示剂。

四、实验内容

1. 钙的测定　精密称取适量的可溶性钙盐及镁盐混合试样，在 250ml 容量瓶中配制成相当于 0.05mol/L Ca^{2+}或 Mg^{2+}的溶液，精密吸取样液 20ml，加水 25ml，二乙胺 3ml，调节 pH 12~13，再加入钙指示剂 1ml，用 EDTA 标准溶液(0.05mol/L)滴定至溶液由粉红色变为纯蓝色即为终点。消耗体积为 V_1。

按下式计算 Ca 的百分质量分数(M_{Ca}=40.08)。

$$\omega_{Ca}\% = \frac{c_{EDTA} \times V_1 \times M_{Ca}}{1000 \times m_s \times 20/250} \times 100$$

2. 镁的测定　从上述容量瓶中，精密吸取样液 20ml，加水 25ml，$NH_3 \cdot H_2O$-NH_4Cl 缓冲液(pH 10.0)10ml，铬黑 T 指示剂少量，用 EDTA 标准溶液(0.05mol/L)滴定至溶液由紫红色变为纯蓝色即为终点。消耗体积为 V_2。

按下式计算 Mg 的百分质量分数(M_{Mg}=24.305)：

$$w_{Mg}\% = \frac{c_{EDTA} \times (V_2 - V_1) \times M_{mg}}{1000 \times m_s \times 20/250} \times 100$$

五、注意事项

1. 胺用量要适当，如果 pH<12，则 $Mg(OH)_2$ 沉淀不完全；而 pH>13 时，钙指示剂在终点变化不明显。

2. $Mg(OH)_2$ 沉淀会吸附 Ca^{2+}，从而使钙的结果偏低，镁的结果偏高，应注意避免。

六、思考题

1. 为什么试样分析时是用一次称样、分取试液滴定的操作？能否分别称样进行滴定分析？

2. 本实验测定 Ca^{2+}、Mg^{2+} 时为什么要使用两种缓冲溶液？

3. 为什么镁消耗标准溶液的体积是 (V_1-V_2)？

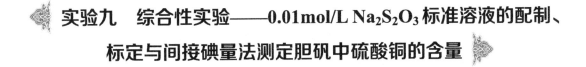

实验九　综合性实验——0.01mol/L Na₂S₂O₃ 标准溶液的配制、标定与间接碘量法测定胆矾中硫酸铜的含量

一、实验目的

1. 掌握硫代硫酸钠标准溶液的配制和标定方法。
2. 了解置换滴定法的原理和方法。
3. 学习使用碘量瓶。
4. 了解间接碘量法中置换滴定法的原理与方法。
5. 应用碘量法测定胆矾中硫酸铜的含量。

二、实验原理

1. 硫代硫酸钠结晶($Na_2S_2O_3 \cdot 5H_2O$)往往含有杂质，如 S、Na_2SO_3、Na_2SO_4、Na_2CO_3 及 NaCl 等，同时还容易风化和潮解，因此，$Na_2S_2O_3$ 标准溶液只能用间接法配制。$Na_2S_2O_3$ 溶液在 pH 9~10 最稳定，在酸性溶液中不稳定，$Na_2S_2O_3$ 溶液遇酸会分解产生 S 沉淀，水中溶解的 CO_2 可促使其分解。

$$Na_2S_2O_3 + CO_2 + H_2O == NaHSO_3 + NaHCO_3 + S\downarrow$$

$Na_2S_2O_3$ 受水中微生物等的作用也会分解。

$$Na_2S_2O_3 \xrightarrow{\text{细菌}} Na_2SO_3 + S\downarrow$$

为了减少溶解在水中的 CO_2 和杀死水中的微生物，应用新煮沸后冷却的蒸馏水配制 $Na_2S_2O_3$ 溶液并加入少量的 Na_2CO_3，使其浓度约为 0.02%。另外，日光能促使 $Na_2S_2O_3$ 溶液分解，所以 $Na_2S_2O_3$ 溶液应贮于棕色瓶中放置 7~14 天，待其浓度趋于稳定后，滤除 S，再标定。

2. 标定 $Na_2S_2O_3$ 溶液常用 $K_2Cr_2O_7$、$KBrO_3$、KIO_3 等基准物质，以 $K_2Cr_2O_7$ 用得最多。标定时采用置换滴定法，使 $K_2Cr_2O_7$ 先与过量的 KI 作用，再用 $Na_2S_2O_3$ 标准溶液滴定析出的 I_2。

第一步反应为 $Cr_2O_7^{2-} + 14H^+ + 6I^- == 3I_2 + 2Cr^{3+} + 7H_2O$

第二步反应为 $2S_2O_3^{2-} + I_2 == S_4O_6^{2-} + 2I^-$

第一步反应速率较慢，增加酸度可使其速率加快，但酸度太强又会使 I^- 被空气中 O_2 氧化

为 I_2。故酸度以 $[H^+] \approx 1 mol/L$ 为宜。在该酸度下，反应溶液于密闭碘量瓶中放置 10min，使反应定量完成。

另外 $Na_2S_2O_3$ 与 I_2 的反应只能在中性或弱酸性溶液中进行。在碱性溶液中会发生如下副反应。

$$S_2O_3^{2-} + 4I_2 + 10OH^- \Longrightarrow 2SO_4^{2-} + 8I^- + 5H_2O$$

在强酸性溶液中，$Na_2S_2O_3$ 会分解。

$$S_2O_3^{2-} + 2H^+ \Longrightarrow S\downarrow + SO_2\uparrow + H_2O$$

所以在滴定前应加蒸馏水将溶液稀释，以降低酸度，使 $[H^+] \approx 0.2 \sim 0.4 mol/L$，也使终点时 Cr^{3+} 的绿色变浅，便于观察终点。

滴定反应以淀粉为指示剂，必须在近终点时加入。否则大量碘被淀粉牢固吸附，不易完全释放与 $Na_2S_2O_3$ 反应，给滴定带来误差。

3. 间接碘量法包括剩余滴定和置换滴定两种。本实验用置换滴定法测定胆矾中硫酸铜的含量。其测定依据是：Cu^{2+} 可以被 I^- 还原为碘化亚铜，同时释放出等量的 I_2，反应如下。

$$2Cu^{2+} + 4I^- \Longrightarrow 2CuI + I_2$$

反应产生的 I_2，用 $Na_2S_2O_3$ 标准溶液滴定。

$$2S_2O_3^{2-} + I_2 \Longrightarrow S_4O_6^{2-} + 2I^-$$

以淀粉为指示剂，蓝色消失为终点。

上述反应是可逆的，任何引起 Cu^{2+} 浓度减小或引起 CuI 溶解度增加的因素均会使反应不完全。加入过量的 KI 可使反应趋于完全。这里 KI 是 Cu^{2+} 的还原剂，又是生成的 Cu^+ 的沉淀剂，还是生成的 I_2 的络合剂，使生成 I_3^-，增加 I_2 的溶解度，减少 I_2 的挥发。由于 CuI 沉淀易吸附 I_2，使终点变色不敏锐而产生误差，故在近终点时加入 KSCN 使 CuI($K_{sp} = 1.1 \times 10^{-12}$) 转化为溶解度更小的 CuSCN($K_{sp} = 4.8 \times 10^{-15}$)，使结果更准确。

Cu^{2+} 被 I^- 还原的 pH 一般控制在 $3 \sim 4$，酸度过低时，Cu^{2+} 易水解，使反应不完全，结果偏低，而且反应速率慢，终点拖长。酸度过高时，则 I^- 易被空气中的 O_2 氧化为 I_2，使结果偏高。

三、仪器与试剂

仪器：分析天平，称量瓶，10ml 量筒，50ml 量筒，50ml 酸式滴定管，250ml 碘量瓶。

试剂：$K_2Cr_2O_7$(基准试剂)，$Na_2S_2O_3 \cdot 5H_2O$(s, AR)，KI(s, AR)，Na_2CO_3(s, AR)，淀粉溶液(5%)，HCl 溶液(1:1)，$Na_2S_2O_3$ 标准溶液(0.1mol/L)，HAc 溶液(6mol/L)，KI 溶液(20%)，KSCN 溶液(10%)，胆矾(试样)。

四、实验内容

1. 0.1mol/L $Na_2S_2O_3$ 标准溶液的配制 取 $Na_2S_2O_3 \cdot 5H_2O$ 15g 与无水 Na_2CO_3 0.1g，加新煮沸放冷的蒸馏水，使成 500ml，摇匀，放置 $7 \sim 14$ 天，过滤后再标定。

2. 0.1mol/L $Na_2S_2O_3$ 标准溶液的标定 取在 120℃干燥至恒重的基准 $K_2Cr_2O_7$ 约 0.1g，

精密称定，置 250ml 碘量瓶中，加蒸馏水 50ml 使溶解。加 KI 2g，轻轻振摇使溶解，加 HCl 溶液(1：1)5ml，密塞，摇匀，水封，在暗处放置 10min。再加水 25ml 稀释，用 $Na_2S_2O_3$ 标准溶液滴定至近终点(草绿色——极少量的 I_2 与三价铬的混合色)时，加淀粉溶液(0.5%)1ml，继续滴定至蓝色消失而显亮绿色(三价铬的颜色)，即为终点。记录读数，按下式计算 $Na_2S_2O_3$ 标准溶液的浓度。平行测定 3 次，要求相对平均偏差小于 0.2%。

$$c_{Na_2S_2O_3} = \frac{6m_{K_2Cr_2O_7} \times 1000}{M_{K_2Cr_2O_7} \times V_{Na_2S_2O_3}} \qquad M_{K_2Cr_2O_7} = 294.20\text{g/mol}$$

数据记录与处理

基准物称量(g)	xx.xxxx xx.xxxx 0.xxxx	xx.xxxx xx.xxxx 0.xxxx	xx.xxxx xx.xxxx 0.xxxx
$V_{Na_2S_2O_3}^0$ (ml)			
$V_{Na_2S_2O_3}^e$ (ml)			
$V_{Na_2S_2O_3}$ (ml)			
$c_{Na_2S_2O_3}$ (mol/L) (保留四位有效数字)			
$\bar{c}_{Na_2S_2O_3}$ (mol/L) (保留四位有效数字)			
相对平均偏差(%)			

3. 胆矾中硫酸铜的含量测定 精确称取胆矾试样约 0.5g，置 250ml 碘量瓶中，加蒸馏水 40ml，微热使溶解，加 HAc 溶液(6mol/L)5ml，KI 2g，密塞摇匀，用 0.1mol/L $Na_2S_2O_3$ 标准溶液滴定至近终点(米黄色)时，加淀粉溶液(0.5%)2ml，继续滴定至溶液呈浅蓝色，加入 10ml KSCN(10%)溶液(摇匀后溶液的蓝色变深)，再用 0.1mol/L $Na_2S_2O_3$ 标准溶液滴定至蓝色消失，即为终点。记录读数，按下式计算硫酸铜的含量。平行测定 3 次，要求相对平均偏差小于 0.2%。

$$w = \frac{c_{Na_2S_2O_3} \times V_{Na_2S_2O_3} \times M_{CuSO_4 \cdot 5H_2O}}{m_s \times 1000} \times 100\% \qquad M_{CuSO_4 \cdot 5H_2O} = 249.71$$

数据记录与处理

胆矾样品称量(g)	xx.xxxx xx.xxxx 0.xxxx	xx.xxxx xx.xxxx 0.xxxx	xx.xxxx xx.xxxx 0.xxxx
$V_{Na_2S_2O_3}^0$ (ml)			

胆矾样品称量(g)	xx.xxxx xx.xxxx 0.xxxx	xx.xxxx xx.xxxx 0.xxxx	xx.xxxx xx.xxxx 0.xxxx
$V_{Na_2S_2O_3}^e$ (ml)			
$V_{Na_2S_2O_3}$ (ml)			
w_{CuSO_4} (%) (保留四位有效数字)			
$\overline{w}_{CuSO_4}$ (%) (保留四位有效数字)			
相对平均偏差(%)			

结论:

五、注意事项

1. 操作条件对滴定碘法的准确度影响很大。为防止碘的挥发和碘离子的氧化，必须严格按操作规程谨慎操作。滴定开始时要快滴慢摇，减少碘的挥发。近终点时，要慢滴，大力振摇，减少淀粉对碘的吸附。

2. 用重铬酸钾标定硫代硫酸钠溶液时，滴定完了的溶液放置一定时间可能又变为蓝色。如果放置 5min 后变蓝，是由于空气中 O_2 的氧化作用所致，可不予考虑；如果很快变蓝，说明 $K_2Cr_2O_7$ 与 KI 的反应没有定量进行完全，必须弃去重做。

带教提示

1. 本实验减少误差的关键是放置时间的平行性(严格控制 10min)。
2. 实验前将玻璃仪器务必用蒸馏水冲洗干净。
3. 实验完毕收集所有废液，不可倒入水池中。
4. 注意碘量瓶的编号顺序。
5. 本实验所用试剂种类较多，加入的先后顺序不可颠倒，故对每种试剂应配备专用量筒。

3. 在胆矾中硫酸铜的含量测定中，淀粉指示剂最好在终点前加入。加入太早，大量碘与淀粉结合成不再与 $Na_2S_2O_3$ 反应的蓝色物质，使滴定产生误差。KSCN 也只能在近终点时加入，以免过多的 I_2 被 SCN 还原使结果偏低。

六、思考题

1. 影响 $Na_2S_2O_3$ 溶液稳定性的因素有哪些？

2. 用 $K_2Cr_2O_7$ 标定 $Na_2S_2O_3$ 溶液时，下列做法的原因是什么？

(1) 加入 KI 后于暗处放置 10 min。

(2) 滴定前加 50ml 水稀释。

(3) 近终点时加淀粉指示剂。

3. 碘量法误差来源主要是 I^- 的氧化和 I_2 的挥发,结合本实验说明应如何避免。

4. 加入 KSCN 的作用是什么?淀粉加入过早对结果有什么影响?

实验十 综合性实验——0.05mol/L I_2 标准溶液的配制、标定与维生素 C 含量的测定

一、实验目的

1. 掌握碘标准溶液的配制与标定方法。
2. 掌握直接碘量法的原理及操作。
3. 了解维生素 C 含量测定的操作步骤。

二、实验原理

碘标准溶液虽然可以用纯碘直接配制,但因其易升华且对天平有腐蚀性,故不宜用直接法配制 I_2 标准溶液而采用间接法。

碘在水中的溶解度很小(25℃时为 $1.8×10^{-3}$mol/L),易挥发,因此在配制的过程中加入适量的 KI,使 I_2 与 I^- 生成 I_3^-,增大 I_2 的溶解度,减少其挥发。I_2 易溶于浓的 KI 溶液,而在稀 KI 中溶解慢,所以配制碘液时,应使 I_2 在浓的 KI 溶液中溶解后再稀释。由于光照和受热都能促使空气的 O_2 氧化 I^-,引起 I_2 浓度的增加,因此,配好的 I_2 标准溶液应储存于棕色磨口瓶中,置冷暗处保存。另外 I_2 能缓慢腐蚀橡胶和其他有机物,所以碘应避免与这类物质接触。

碘液可以用基准物 As_2O_3 标定,也可用已标定的 $Na_2S_2O_3$ 溶液标定。

用基准物质 As_2O_3 来标定 I_2 溶液。As_2O_3 难溶于水,可溶于碱溶液中,与 NaOH 反应生成亚砷酸钠,用 I_2 溶液进行滴定。反应式为

$$As_2O_3 +6NaOH = 2Na_3AsO_3 +3H_2O$$

$$Na_3AsO_3 +I_2 +H_2O = Na_3AsO_4 +2HI$$

该反应为可逆反应,在中性或微碱性溶液中(pH 约为 8),反应能定量地向右进行,可加固体 $NaHCO_3$ 以中和反应生成的 H^+,保持 pH 在 8 左右。所以实际滴定反应也可写成:

$$I_2 +AsO_3^{3-} +2HCO_3^- \longrightarrow 2I^- +AsO_4^{3-} +2CO_2 \uparrow +H_2O$$

由于 As_2O_3 为剧毒物,实际工作中常用已标定的 $Na_2S_2O_3$ 溶液标定碘溶液。

I_2 标准溶液可以直接测定一些还原性的物质,如维生素 C,反应在稀酸中进行,维生素 C 分子中的二烯醇基被 I_2 定量地氧化成二酮基。

由于维生素 C 的还原性很强,即使在弱酸性条件下,上述反应也进行得相当完全。而维生素 C 在空气中极易被氧化,尤其是在碱性条件下更甚,故该反应在稀乙酸介质中进行,以减少维生素 C 的副反应。

抗坏血酸(维生素C)　　　　　　脱氢抗坏血酸

三、仪器与试剂

仪器：分析天平，称量瓶，20ml 移液管，10ml 量筒，50ml 量筒，50ml 酸式滴定管，250ml 碘量瓶，垂熔玻璃滤器。

试剂：As_2O_3(基准试剂)，KI(s，AR)，I_2(s，AR)，$NaHCO_3$(s，AR)，H_2SO_4(1mol/L)，NaOH(1mol/L)，淀粉溶液(0.5%)，甲基橙指示剂，HCl(1∶1，4mol/L)、维生素 C 原料，I_2 标准溶液(0.05mol/L)，HAc(1∶1)。

四、实验内容

1. I_2 标准溶液的配制　取碘 6.5g，加碘化钾 18g 与水 50ml 溶解后，加盐酸 3 滴与适量水使成 500ml，摇匀，用垂熔玻璃滤器过滤，置棕色试剂瓶中。

2. I_2 标准溶液的标定

(1) 用 As_2O_3 标定：取在 105℃干燥至恒重的基准三氧化二砷约 0.15g，精密称定，加氢氧化钠滴定液(1mol/L)10ml,微热使溶解,加水 20ml 与甲基橙指示液 1 滴,加硫酸滴定液(0.5mol/L)适量使黄色转变为粉红色，再加碳酸氢钠 2g、水 30ml 与淀粉指示液 2ml，用本液滴定至溶液显浅蓝紫色，即为终点。记录读数，按下式计算 I_2 标准溶液的浓度。

$$c_{I_2} = \frac{m_{As_2O_3} \times 2000}{M_{As_2O_3} \times V_{I_2}} \qquad M_{As_2O_3} = 197.84\text{g/mol}$$

(2) 用 $Na_2S_2O_3$ 溶液标定：精密移取 20.00ml 待标定的 I_2 溶液于 250ml 碘量瓶中，加 50ml 蒸馏水及盐酸溶液(4mol/L)5ml，用 $Na_2S_2O_3$ 标准溶液滴定至溶液呈浅黄色，加入 0.5%淀粉指示剂 2ml，继续用 $Na_2S_2O_3$ 溶液滴定至蓝色恰好消失，即为终点。记录读数，按下式计算 I_2 标准溶液的浓度。

$$c_{I_2} = \frac{(cV)_{Na_2S_2O_3}}{2V_{I_2}}$$

3. 维生素 C 的含量测定　取维生素 C 样品约 0.2g，精密称定。置 250ml 碘量瓶中，加新煮沸放冷的蒸馏水 100ml 与稀 HAc 10ml 使溶解后，加淀粉溶液 1ml，立即用 I_2 标准溶液滴定至溶液为持续的蓝色，即为终点。记录读数，按下式计算维生素 C 的含量。

$$w\% = \frac{c_{I_2} V_{I_2} \times M_{C_6H_8O_6}}{m_s \times 1000} \times 100\% \qquad M_{C_6H_8O_6} = 176.12$$

五、注意事项

1. 配制碘溶液时，一定要待 I_2 完全溶解后再转移。做完实验后，剩余的 I_2 溶液应倒入回收瓶中。

2. 碘易受有机物的影响，避免碘液与橡胶接触。

3. 碘易挥发，浓度变化较快，保存时应特别注意要密封，并用棕色瓶保存放置暗处。

4. 在酸性介质中，维生素 C 受空气的氧化速度稍慢，较为稳定，但样品溶解后仍需立即进行滴定。

5. 在有水或潮湿的情况下，维生素 C 易分解。

带教提示

1. 配制过程中要尽量使碘溶解完全，注意节约试剂。

2. 实验前务必将玻璃仪器用蒸馏水冲洗干净。

3. 实验完毕收集所有废液，回收处理，切不可倒入水池中。

4. 水果或维生素 C 原料及制剂中维生素 C 的定量分析均可采用直接碘量法。

六、思考题

1. 碘溶液应装在何种滴定管中？为什么？
2. 配制 I_2 溶液时为什么要加 KI？
3. 为什么维生素 C 含量可以用碘量法测定？
4. 滴定维生素 C 时，为什么要加稀 HAc？
5. 溶解样品时为什么要用新煮沸放冷的蒸馏水？

实验十一　综合性实验——0.02mol/L KMnO₄ 标准溶液的配制、标定与硫酸亚铁的含量测定

一、实验目的

1. 掌握 $KMnO_4$ 标准溶液的配制、标定和保存方法。
2. 了解自身指示剂指示终点的方法。
3. 掌握 $KMnO_4$ 法测定硫酸亚铁含量的原理和方法。

二、实验原理

$KMnO_4$ 为一种强氧化剂，在酸性介质中(通常酸度要在 1～2mol/L)按下式反应。

$$MnO_4^- + 8H^+ + 5e \longrightarrow Mn^{2+} + 4H_2O$$

纯的 $KMnO_4$ 溶液相当稳定，但试剂中常含有少量的 $MnO_2 \cdot nH_2O$ 及其他杂质，配制溶液所用水中的微量还原性物质也会使溶液中析出 $MnO_2 \cdot nH_2O$ 或 $MnO(OH)_2$，这些四价锰的物质会进一步促使 $KMnO_4$ 溶液的分解。为了得到稳定的 $KMnO_4$ 溶液，新配制的 $KMnO_4$ 溶液需放置 7～10 天，使之充分作用，然后需将这些物质用垂熔玻璃滤器过滤除去。

用 $Na_2C_2O_4$ 作为基准物质标定 $KMnO_4$ 溶液的反应为

$$2KMnO_4 + 5Na_2C_2O_4 + 8H_2SO_4 \xlongequal{\quad\quad} 2MnSO_4 + 5Na_2SO_4 + K_2SO_4 + 10CO_2\uparrow + 8H_2O$$

滴定时，利用 $KMnO_4$ 本身的颜色变化指示终点。

Fe^{2+} 具有还原性，在酸性条件下，$KMnO_4$ 可以将 $FeSO_4$ 定量氧化。

$$2KMnO_4 + 8H_2SO_4 + 10FeSO_4 \xlongequal{\quad\quad} K_2SO_4 + 2MnSO_4 + 5Fe_2(SO_4)_3 + 8H_2O$$

以滴定液自身颜色变化指示终点。

溶液酸度对测定结果影响较大，酸度低会析出二氧化锰，通常溶液中酸的浓度应接近 0.5～1.0mol/L。本实验中为防止样品氧化，应用新煮沸放冷的蒸馏水溶解样品，溶解后应立即滴定。

$KMnO_4$ 法只适用于测定亚铁盐的原料，不适用于测定制剂。因为 $KMnO_4$ 对糖浆、淀粉等也有氧化作用，使测定结果偏高，制剂应该用铈量法测定。

三、仪器与试剂

仪器：台秤，分析天平，称量瓶，50ml 酸式滴定管，250ml 锥形瓶，500ml 棕色试剂瓶，500ml、100ml、10ml 量筒，烧杯，玻璃棒，滴定管夹，洗瓶。

试剂：$KMnO_4$(s，AR)，$Na_2C_2O_4$(基准试剂)，H_2SO_4 溶液(3mol/L)，$KMnO_4$ 标准溶液(0.02mol/L)，H_2SO_4 溶液(1mol/L)，$FeSO_4$(原料药)。

四、实验内容

1. $KMnO_4$ 标准溶液(0.02mol/L)的配制 称取 1.6g $KMnO_4$，溶于 500ml 新煮沸放冷的蒸馏水中，置棕色试剂瓶中，暗处放置 7～10 天，用垂熔玻璃滤器过滤，摇匀，存于另一棕色试剂瓶中。

2. $KMnO_4$ 标准溶液(0.02mol/L)的标定 取在 105℃干燥至恒重的基准草酸钠约 0.2g，精密称定，置 250ml 锥形瓶中，加新煮沸放冷的蒸馏水 50ml 与 3mol/L H_2SO_4 溶液 15ml，搅拌使溶解，自滴定管中迅速加入本液约 25ml，待褪色后，水浴上加热至 65℃，继续滴定至溶液显微红色并保持 30s 不褪色，即为终点。记录读数。当滴定终了时，溶液温度应不低于 55℃。按下式计算 $KMnO_4$ 标准溶液的浓度。

$$c_{KMnO_4} = \frac{m_{Na_2C_2O_4} \times 1000 \times 2}{5M_{Na_2C_2O_4} \times V_{KMnO_4}} \qquad M_{Na_2C_2O_4} = 134.00\text{g/mol}$$

3. 硫酸亚铁的含量测定 精密称取硫酸亚铁试样约 0.5g，置锥形瓶中，加入 H_2SO_4 溶液(1mol/L)与新煮沸冷却的蒸馏水各 15ml 溶解后，立即用 $KMnO_4$ 标准溶液(0.02mol/L)滴定至溶液显持续的淡红色，即为终点。记录读数，按下式计算硫酸亚铁的含量。

$$w\% = \frac{c_{KMnO_4} \times V_{KMnO_4} \times M_{FeSO_4 \cdot 7H_2O}}{m_s \times 5000} \times 100\% \qquad M_{FeSO_4 \cdot 7H_2O} = 278.01$$

五、注意事项

带教提示

> 1. 称取 $KMnO_4$ 的质量应稍多于理论计算量。
> 2. 用微孔玻璃漏斗过滤，滤去 MnO_2 沉淀。若没有微孔玻璃漏斗时，可用玻璃棉代替。
> 3. 实验前将玻璃仪器务必用蒸馏水冲洗干净。
> 4. 本实验中用到了硫酸，提示学生要注意安全。
> 5. 实验完毕收集所有废液，切不可倒入水池中。液体样品 H_2O_2 的定量分析也可采用 $KMnO_4$ 法。

1. $KMnO_4$ 溶液受热或受光照将发生分解。

$$4MnO_4^- + 2H_2O \xrightarrow{\triangle} 4MnO_2 \downarrow$$
$$+ 3O_2 \uparrow + 4OH^-$$

分解产物 MnO_2 会加速此分解反应。因此配好的溶液应存于棕色试剂瓶中，并置于冷暗处保存。

2. 开始滴定时反应速率较慢，所以要缓慢滴加，待溶液中产生了 Mn^{2+} 后，由于 Mn^{2+} 对反应的催化作用，使反应速率加快，这时滴定速度可以加快；但注意仍不能过快，否则来不及反应的 $KMnO_4$ 在热的酸性溶液中易分解。近终点时，反应物浓度降低，反应速率也随之变慢，须小心缓慢加入。

3. 滴定完成时，溶液温度应不低于 55℃，否则反应速率慢而影响终点的观察与准确性。操作中不要直火加热或使溶液温度过高，以免 $H_2C_2O_4$ 分解，反应式如下。

$$H_2C_2O_4 \xrightarrow{\triangle} CO_2 \uparrow + CO \uparrow + H_2O$$

4. $KMnO_4$ 在酸性介质中是强氧化剂，滴定到达终点的粉红色溶液在空气中放置时，由于和空气中的还原性气体或灰尘作用而逐渐褪色，因此在 30s 内不褪色时，就可认为滴定已经完成，如对终点有疑问时，可先将滴定管读数记下，再加入 1 滴 $KMnO_4$ 标准溶液，溶液变为紫红色即证实终点已到，滴定时不要超过计量点。

5. 草酸钠溶液的酸度在开始滴定时约为 1mol/L，滴定终了时约为 0.5mol/L，这样能促使反应正常进行，并且阻止 MnO_2 的生成。滴定过程中若发生棕色混浊(MnO_2)，应立即加入 H_2SO_4 补救，使棕色混浊消失。

6. 在硫酸亚铁的含量测定中，Fe^{3+} 呈黄色，对终点观察稍有妨碍，而且 Fe^{2+} 在高温和酸性条件下易被空气氧化，因此滴定速度宜快。

六、思考题

1. 在配制 $KMnO_4$ 标准溶液时，应注意哪些问题？为什么？
2. 用 $Na_2C_2O_4$ 标定 $KMnO_4$ 溶液浓度的过程中，加酸、加热和控制滴定速度的目的是什么？
3. 为什么用 H_2SO_4 控制溶液的酸度？用 HCl 或 HNO_3 可以吗？
4. $KMnO_4$ 法除了可以测定 $FeSO_4$(原料药)的含量外，还可以测定哪些物质的含量？说明各方法的原理。

实验十二　葡萄糖的含量测定

一、实验目的

1. 掌握间接碘量法中剩余回滴法的原理和结果计算方法。
2. 学习用间接碘量法测定葡萄糖含量的方法。

二、实验原理

I_2 与 NaOH 作用生成次碘酸钠(NaIO)。

$$I_2 + 2NaOH =\!=\!= NaIO + NaI + H_2O$$

在碱性介质中，葡萄糖分子中的醛基可定量地被 NaIO 氧化成羧基。

$$CH_2OH(CHOH)_4CHO + NaIO + NaOH =\!=\!= CH_2OH(CHOH)_4COONa + NaI + H_2O$$

未与葡萄糖作用的 NaIO 在碱性溶液中歧化成 NaI 和 $NaIO_3$。

$$3NaIO =\!=\!= NaIO_3 + 2NaI$$

当溶液酸化后，$NaIO_3$ 又恢复成 I_2。

$$NaIO_3 + 5NaI + 3H_2SO_4 =\!=\!= 3I_2 + Na_2SO_4 + 3H_2O$$

析出的 I_2 即剩余的 I_2，可以用 $Na_2S_2O_3$ 标准溶液滴定。

$$I_2 + 2Na_2S_2O_3 =\!=\!= Na_2S_4O_6 + 2NaI$$

由以上化学反应可知，有关反应物之间化学计量的摩尔比为

$$Na_2S_2O_3 : I_2 : NaIO : CH_2OH(CHOH)_4CHO = 2 : 1 : 1 : 1$$

从用去的 $Na_2S_2O_3$ 标准溶液的量可求得剩余 I_2 溶液的量，进而计算葡萄糖的量。

三、仪器与试剂

仪器：分析天平，台秤，称量瓶，滴定管(50ml)，移液管(25ml)，锥形瓶(250ml)，碘量瓶(250ml)。

试剂：I_2 溶液(0.05mol/L)，NaOH 溶液(0.1mol/L)，$Na_2S_2O_3$ 标准溶液(0.1mol/L)，H_2SO_4 溶液(0.05mol/L)，淀粉溶液(0.5%)，葡萄糖(原料药)。

四、实验内容

取试样约 0.1g，精密称定，置碘量瓶中，加蒸馏水 30ml 使溶解。加入 I_2 溶液(0.05mol/L)25.00ml。一边摇动，一边缓慢加入 NaOH 溶液(0.1mol/L)40ml。密塞，暗处放置 10min。取出后加入 H_2SO_4 溶液(0.05mol/L)6ml，摇匀。用 $Na_2S_2O_3$ 标准溶液(0.1mol/L)滴定剩余的 I_2，接近终点时加入 2ml 淀粉指示剂，继续滴定蓝色消失即为终点。记录 $V_{Na_2S_2O_3(回滴)}$，同时作空白试验，记录 $V_{Na_2S_2O_3(空白)}$。按下式计算葡萄糖百分质量分数($M_{C_6H_{12}O_6 \cdot H_2O} = 198.2$)。

$$\omega\% = \frac{c_{\text{Na}_2\text{S}_2\text{O}_3} \times (V_{\text{空白}} - V_{\text{回滴}})_{\text{Na}_2\text{S}_2\text{O}_3} \times M_{\text{C}_6\text{H}_{12}\text{O}_6 \cdot \text{H}_2\text{O}}}{m_s \times 2000} \times 100$$

五、注意事项

加 NaOH 的速度不能过快，否则过量 NaIO 来不及氧化 $C_6H_{12}O_6$ 就歧化成与 $C_6H_{12}O_6$ 反应的 $NaIO_3$ 和 NaI，使测定结果偏低。

六、思考题

1. 如何确定试样的称取量？
2. 怎样判断是否接近滴定终点？如何判断滴定终点？
3. 若已知 I_2 溶液的准确浓度，则不需作空白滴定。写出此时计算葡萄糖百分质量分数的计算公式。

实验十三　铜盐的含量测定

一、实验目的

掌握间接碘量法中置换滴定法的原理和操作。

二、实验原理

间接碘量法包括剩余滴定法及置换滴定法两种方式。本实验用置换滴定法测定铜盐。其测定依据是：Cu^{2+} 可以被 I^- 还原为 CuI，同时析出等量的 I_2(在过量 I^- 溶液中以 I_3^- 形式存在)。

$$2Cu^{2+} + 5I^- \Longrightarrow 2CuI\downarrow + I_3^-$$

反应产生的 I_2，用 $Na_2S_2O_3$ 标准溶液滴定

$$I_3^- + 2S_2O_3^{2-} \Longrightarrow 3I^- + S_4O_6^{2-}$$

以淀粉为指示剂，蓝色消失时为终点。

I^- 不仅是还原剂，也是 Cu^{2+} 的沉淀剂(可以提高 Cu^{2+}/Cu^+ 电对的电位，使 Cu^{2+} 被定量还原)和 I_2 的配位剂(增大 I_2 的溶解度，抑制其挥发)。

第一步反应要求在弱酸性介质中进行，在碱性溶液中，一是发生 I_2 的歧化反应。

$$I_2 + 2OH^- \Longrightarrow I^- + IO^- + H_2O$$
$$3IO^- \Longrightarrow IO_3^- + 2I^-$$

二是 Cu^{2+} 的水解作用使 Cu^{2+} 与 I^- 的反应速度变慢。但酸性过强也会发生空气中 O_2 氧化 I^- 生成 I_2 反应。

$$4I^- + O_2 + 4H^+ \Longrightarrow 2I_2 + H_2O$$

第二步反应是在中性或弱酸性介质中进行，如果介质酸性过强，滴定剂发生分解：

$$S_2O_3^{2-}+4I_2+10OH^- == 2SO_4^{2-}+8I^-+5H_2O$$

因此需用 HAc 或 HAc-NaAc 缓冲溶液控制溶液为弱酸性(pH=3.5~4)。

CuI 沉淀易吸附少量的 I_2，使终点变色不敏锐并产生误差。在近终点时加入 KSCN 将 CuI 转化为溶解度更小的 CuSCN 沉淀，它基本不吸附 I_2，使结果更准确。

三、仪器与试剂

仪器：分析天平，台秤(0.1g)，称量瓶，碘量瓶(250ml)，滴定管(50ml)，量筒(10ml、100ml)。

试剂：$Na_2S_2O_3$ 标准溶液(0.1mol/L)，HAc 溶液(6mol/L)，KI 溶液(20%)，淀粉溶液(0.5%)，$CuSO_4·5H_2O$ 试样，KSCN 溶液(10%)。

四、实验内容

精密称取 $CuSO_4·5H_2O$ 试样约 0.5g，置碘量瓶中，加蒸馏水 40ml，溶解后，加 HAc 溶液(6mol/L)4ml，KI 溶液(20%)10ml，用 $Na_2S_2O_3$ 标准溶液(0.1mol/L)滴定至近终点(浅黄色)时，加淀粉溶液(0.5%)2ml，当滴定至浅蓝色时，加 KSCN 溶液(10%)5ml，继续滴定至蓝色消失，记录 $V_{Na_2S_2O_3}$，按下式计算 $CuSO_4·5H_2O$ 的百分质量分数($M_{CuSO_4·5H_2O}$=249.71)。

$$w\%=\frac{c_{Na_2S_2O_3} \times V_{Na_2S_2O_3} \times M_{CuSO_4·5H_2O}}{m_s \times 1000} \times 100$$

五、思考题

1. 在操作过程中如何防止 I_2 挥发所带来的误差？

2. 已知 $\varphi^{\theta}_{Cu^{2+}/Cu^+}$=0.158V，$\varphi^{\theta}_{I_2/I^-}$=0.54V，为什么在本法中 Cu^{2+} 能使 I^- 氧化为 I_2？

实验十四 综合性实验——0.1mol/L 硝酸银标准溶液的配制、标定与氯化铵的含量测定

一、实验目的

1. 掌握 $AgNO_3$ 标准溶液、NH_4SCN 标准溶液的配制和标定原理及方法。

2. 熟悉银量法指示剂种类、变色原理和滴定终点的判断。

3. 比较铬酸钾指示剂法和吸附指示剂法测定氯化铵的原理及方法、滴定终点判断和测定结果。

二、实验原理

1. 用基准物 NaCl 标定 AgNO₃ 标准溶液，采用吸附指示剂法，以荧光黄(HFIn)作指示剂，用 AgNO₃ 标准溶液滴定 NaCl 溶液，终点时混浊液由黄绿色变为微红色。

终点前，Cl⁻过量　　　　　　　　　　$(AgCl)Cl^- \mid M^+$

终点时，Ag⁺过量　　　$(AgCl)Ag^+ + FIn^- \Longrightarrow (AgCl)Ag^+ \mid FIn^-$

　　　　　　　　　　　黄绿色　　　　　　　　微红色

加入糊精的目的是增大表面积，保护胶体，防止沉淀聚沉。反应条件 pH=7～10。

2. 用比较法标定 NH₄SCN 标准溶液的浓度，采用铁铵矾作指示剂，用 NH₄SCN 标准溶液滴定浓度已知的 AgNO₃ 标准溶液。

$$终点前 \quad Ag^+ + SCN^- \Longrightarrow AgSCN\downarrow(白色)$$

$$终点时 \quad Fe^{3+} + SCN^- \Longrightarrow Fe(SCN)^{2+}(红色)$$

以上反应在酸性条件下进行。

3. 铬酸钾指示剂法的原理是分步沉淀，溶解度小的 AgCl 先沉淀，溶解度大的 Ag₂CrO₄ 后沉淀。适当控制 K₂CrO₄ 指示剂的浓度，使 AgCl 恰好完全沉淀后立即出现砖红色 Ag₂CrO₄ 沉淀，指示滴定终点的到达。其反应如下。

$$终点前 \quad Ag^+ + Cl^- \longrightarrow AgCl$$

$$终点时 \quad 2Ag^+ + CrO_4^{2-} \longrightarrow Ag_2CrO_4$$

吸附指示剂法测 Cl⁻以荧光黄为指示剂，终点时胶体溶液由黄绿色变为粉红色，其变化过程如下。

　　　　　终点前　　　　　　　　　　　　终点时

$$(AgCl)Cl^- + FIn^- \xrightarrow{\text{AgNO}_3} (AgCl)Ag^+ \cdot FIn^-$$

　　　　(黄绿色)　　　　　　　　　　　(粉红色)

三、仪器与试剂

仪器：分析天平，称量瓶，25ml 酸式滴定管，250ml 锥形瓶，量筒，烧杯，玻璃棒，滴定装置，洗瓶，容量瓶(250ml)，移液管(25ml)。

试剂：AgNO₃(AR)，NaCl(基准试剂)，NH₄SCN(AR)，2%糊精水溶液，0.1%荧光黄乙醇溶液，HNO₃ 溶液(6mol/L)，水(新沸放置至室温)，硝酸银滴定液(0.1mol/L)，基准氯化铵，碳酸钙，荧光黄指示液，糊精溶液，K₂CrO₄ 指示剂(5%水溶液)。

铁铵矾指示剂：称取 40g NH₄Fe(SO₄)₂·12H₂O，用 1mol/L HNO₃ 100ml 溶解。

硝酸银滴定液(0.1mol/L)：取硝酸银 17.5g，加水适量使溶解成 1000ml，摇匀。

荧光黄指示液：取荧光黄 0.1g，加乙醇使溶解成 100ml。

糊精溶液：取糊精 1g，加水使溶解成 50ml。

四、实验内容

1. AgNO₃标准溶液(0.1mol/L)配制　称取 16g AgNO₃置烧杯中，加适量经检验无 Cl⁻的蒸馏水溶解，然后转入棕色试剂瓶中，加蒸馏水稀释至 1000ml，摇匀，密塞，避光贮存。

2. NH₄SCN 标准溶液(0.1mol/L)配制　称取 NH₄SCN 8g 置烧杯中，加适量蒸馏水溶解，然后转入试剂瓶中，加蒸馏水稀释至 1000ml，摇匀。

3. AgNO₃标准溶液(0.1mol/L)的标定　取在 270℃干燥至恒重的基准 NaCl 约 0.1g，精密称定，置 250ml 锥形瓶中，加蒸馏水 50ml 使溶解后，再加糊精 5ml，荧光黄指示剂 8 滴，用 AgNO₃ 标准溶液(0.1mol/L)滴定至混浊液由黄绿色转变为微红色，即为终点。记录读数，按下式计算 AgNO₃标准溶液的浓度。

$$c_{AgNO_3} = \frac{m_{NaCl} \times 1000}{M_{NaCl} \times V_{AgNO_3}} \qquad M_{NaCl} = 58.44 \text{g/mol}$$

4. NH₄SCN 标准溶液(0.1mol/L)的标定　精密量取 AgNO₃ 标准溶液 20.00ml(0.1mol/L) 置 250ml 锥形瓶中，加蒸馏水 20ml，6mol/L HNO₃ 溶液 5ml 与铁铵矾指示剂 2ml，用 NH₄SCN 标准溶液(0.1mol/L)滴定。滴定时应强烈振摇，当滴定至溶液呈现微红色时，即为终点。记录读数，按下式计算 NH₄SCN 标准溶液的浓度。

$$c_{NH_4SCN} = \frac{c_{AgNO_3} V_{AgNO_3}}{V_{NH_4SCN}}$$

5. 氯化铵的含量测定　取 NH₄Cl 试样约 1.2g，精密称定于小烧杯中，加适量水溶解后，转移至 250ml 容量瓶中，用水稀释至刻度，摇匀。精密移取该溶液 25ml 4 份，分别置锥形瓶中。其中 2 份各加水 25ml 与 5% K₂CrO₄指示剂 1ml，用 AgNO₃标准溶液(0.1mol/L)滴定至恰好混悬液微呈砖红色为终点。另外 2 份各加水 25ml、糊精溶液(1→50)5ml、碳酸钙 0.1g 与荧光黄指示液 8 滴，摇匀，用 AgNO₃标准溶液(0.1mol/L)滴定至由黄绿色变成微红色，即为终点。

按下式计算 NH₄Cl 的百分质量分数(M_{NH_4Cl} = 53.69)。

$$\omega\% = \frac{c_{AgNO_3} \times V_{AgNO_3} \times M_{NH_4Cl}}{1000 \times m_s \times 25/250} \times 100$$

五、注意事项

1. AgNO₃标准溶液应装入酸式滴定管中，因为 AgNO₃具有氧化性。

2. 加入 HNO₃是为阻止 Fe³⁺水解，所用 HNO₃应不含有氮的低价氧化物，因为它能与 SCN⁻或 Fe³⁺反应生成红色物质[如 NOSCN、Fe(NO)³⁺]影响终点观察。

3. 在氯化铵的含量测定中，K₂CrO₄指示液加入量力求准确，滴定过程中需不断振摇。

4. 当 AgCl 沉淀开始凝聚时，表示已快到终点，此时需逐滴加入 AgNO₃标准溶液，并用力振摇。

六、思考题

1. 按指示终点的方法不同，$AgNO_3$ 标准溶液的标定有几种方法？条件是什么？

2. 配制 $AgNO_3$ 标准溶液为什么用不含 Cl^- 的蒸馏水？如何检查 Cl^- 的有无？

3. 铁铵矾法中，能否用 $Fe(NO_3)_3$ 或 $FeCl_3$ 作指示剂？

4. 在氯化铵的含量测定中，比较两种指示剂法的测定结果，并加以分析讨论。

5. 滴定氯化铵为什么选荧光黄指示剂？能否用曙红？为什么？

6. K_2CrO_4 指示剂加得过多或过少，对测定结果有何影响？

 实验十五　葡萄糖的干燥失重

一、实验目的

1. 熟悉分析天平的称量操作。
2. 掌握干燥失重的测定方法。

二、实验原理

运用挥发重量法，将样品加热，使其中水分及挥发性物质逸出后，根据样品所减失的重量计算干燥失重。恒重是指试样连续两次干燥或灼烧后称得的重量差在 0.3mg 以下。

三、仪器与试剂

仪器：分析天平，干燥箱，扁称量瓶。

试剂：葡萄糖试样。

四、实验内容

1. 称量瓶的干燥恒重　将洗净的称量瓶置恒温干燥箱中，打开瓶盖，放于称量瓶旁，于 105℃干燥。取出称量瓶，加盖，置于干燥器中冷却(约 20min)至室温，精密称定重量。按上法操作，再干燥、冷却、称量，直到恒重。

2. 葡萄糖干燥失重的测定　取混合均匀的、研细的葡萄糖试样约 1g，精密称定，平铺在已恒重的称量瓶中，厚度不可超过 5mm，加盖，精密称定重量。置于干燥箱中，打开瓶盖，先于 60℃加热 30min，再于 105℃干燥，至恒重。根据减失的重量即可计算样品的干燥失重。

$$葡萄糖干燥失重\% = \frac{W_{试样+称量瓶} - W_{干燥后试样+称量瓶}}{W_{试样}} \times 100$$

五、注意事项

带教提示

1. 进行同一项分析工作的所有称量必须使用同一台天平。
2. 实验时样品放置位置(加热、冷却时)应相同，样品冷却时间应相同，称量顺序应相同。

1. 试样在干燥器中每次冷却的时间应相同。
2. 称量应迅速，以免试样或称量瓶在空气中露置久后吸湿而不易恒重。

六、思考题

1. 什么叫干燥失重？
2. 什么叫恒重？影响恒重的因素有哪些？

附：干燥器的使用

干燥器是一种保持物品干燥的玻璃器皿(图 1-18)，内盛干燥剂，防止物品吸湿，常用于放置坩埚或称量瓶等。干燥器内有一带孔的白瓷板，白瓷板上放样品，其下放干燥剂。常用的干燥剂有无水氯化钙、变色硅胶、无水硫酸钙、浓硫酸和五氧化二磷等。干燥器使用时盖边应涂上一薄层凡士林，这样可使盖子密合不漏气。搬动干燥器时用双手拿稳并紧紧握住盖子(图 1-19)。打开盖子时(图 1-20)，用左手抵住干燥器身，右手把盖子往后拉或往前推开。一般不应完全打开，以开到能放入器皿为度。

图 1-18 干燥器

图 1-19 移动干燥器

图 1-20 打开干燥器

实验十六　芒硝中硫酸钠的含量测定

一、实验目的

1. 掌握沉淀、过滤、洗涤及灼烧等沉淀重量法的基本操作技术。
2. 了解晶型沉淀的条件。

二、实验原理

在 HCl 溶液中，以 $BaCl_2$ 作沉淀剂使硫酸盐成 $BaSO_4$ 晶型沉淀析出，经过滤、干燥、灼烧后称定 $BaSO_4$ 质量，从而计算硫酸钠的含量。

三、仪器与试剂

仪器：分析天平，高温炉，水浴锅，称量瓶，坩埚，坩埚钳，烧杯，量筒，玻璃漏斗，漏斗架，玻璃棒，洗瓶。

试剂：芒硝试样，5% $BaCl_2$ 溶液，HCl 溶液(2mol/L)，$AgNO_3$ 试液，稀硝酸。

四、实验内容

取芒硝试样约 0.4g，精密称定。置烧杯中，加蒸馏水 200ml 使溶解，加 HCl 溶液(2mol/L)2ml，加热近沸，在不断搅拌下缓慢加入 5% $BaCl_2$ 溶液(1s 约 1 滴)，直到不再发生沉淀(15～20ml)，放置过夜或置水浴上加热 30min，静置 1h(陈化)。用无灰滤纸以倾泻法过滤，将沉淀转移到滤纸上，再用蒸馏水洗涤沉淀直至洗液不再显 Cl^- 反应(用 $AgNO_3$ 的稀 HNO_3 溶液检查)。将沉淀干燥后转入恒重的坩埚中，灰化、灼烧至恒重，精密称定。按下式计算 Na_2SO_4 的含量。

$$Na_2SO_4\% = \frac{m \times M_{Na_2SO_4}}{W_样 \times M_{BaSO_4}} \times 100 \, (M_{Na_2SO_4}=142.0g/mol， M_{BaSO_4}=233.4g/mol)$$

m，$BaSO_4$ 称量形式质量(g)。

五、思考题

1. 结合实验说明形成晶型沉淀的条件有哪些？
2. 加 2ml HCl 溶液的作用是什么？
3. 实验中哪个步骤检查沉淀是否完全？又在哪个步骤检查洗涤是否完全？为什么？

一、沉淀

1. 沉淀的条件 样品溶液的浓度、pH、沉淀剂的浓度和用量、沉淀剂加入速度、各种试剂加入次序、沉淀时溶液温度等条件要按实验步骤严格控制。

2. 加沉淀剂 将样品置于烧杯中溶解并稀释到一定浓度，加沉淀剂应沿烧杯内壁或沿玻璃棒加入，小心操作勿使溶液溅出损失。若需缓缓加入沉淀剂，可用滴管逐滴加入并搅拌。若需在热溶液中进行，最好水浴加热。

3. 陈化 沉淀完毕进行陈化，将烧杯用表面皿盖好，放置过夜或在石棉网上加热近沸30min 至 1h。

4. 检查沉淀是否完全 沉淀完毕或陈化完毕，沿烧杯壁加入少量沉淀剂，若上清液出现混浊或沉淀，说明沉淀不完全，需补加沉淀剂使沉淀完全。

二、沉淀的过滤及洗涤

1. 漏斗及选择 玻璃漏斗，用于过滤需进行灼烧的沉淀，可根据滤纸大小选择合适的玻璃漏斗，放入的滤纸应比漏斗沿低约 1cm，不可高出漏斗；微孔玻璃漏斗或微孔玻璃坩埚，用于减压抽滤在 180℃ 以下干燥而不需灼烧的沉淀。各种漏斗及过滤装置见图 1-21。玻璃坩埚的规格和用途见表 1-2。

| 玻璃漏斗 | 微孔玻璃漏斗 | 微孔玻璃坩埚 | 抽滤装置 |

图 1-21 各种漏斗

表 1-2 玻璃坩埚的规格和用途

坩埚滤孔编号	滤孔平均大小(μm)	用途
1	80～120	过滤粗颗粒沉淀
2	40～80	过滤较粗颗粒沉淀
3	15～40	过滤一般晶型沉淀及滤除杂质
4	5～15	过滤细颗粒沉淀
5	2～5	过滤极细颗粒沉淀
6	<2	滤除细菌

玻璃坩埚滤器的底部滤层为玻璃粉烧结而成。玻璃坩埚可用热盐酸或洗液处理并立即用水洗涤。不能用损坏滤器的氢氟酸、热浓磷酸、热或冷的浓碱液洗涤。

2. 滤纸及过滤 重量分析用的滤纸称为定量滤纸或无灰滤纸(灰分在 0.1mg 以下或质量已知),分快速、中速及慢速滤纸,直径有 7cm、9cm 及 11cm 三种,滤纸可根据沉淀量及沉淀性质选择。例如,微晶型沉淀多用 7cm 致密滤纸,蓬松的胶状沉淀要用较大的疏松滤纸过滤。滤纸的折叠及安放见图 1-22。将折好的滤纸放在洁净漏斗中,用手按紧使之密合,用蒸馏水将滤纸润湿,再用玻璃棒按压滤纸,将留在滤纸与漏斗壁之间的气泡赶出,使滤纸紧贴漏斗壁。

通常采用"倾注法"过滤,操作如图 1-23 所示。先将沉淀倾斜静置,然后将沉淀上部的清液小心倾于滤纸上。

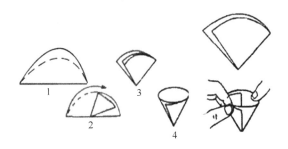

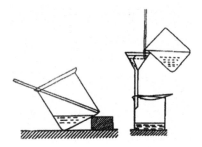

图 1-22　滤纸的折叠及安放　　　　　图 1-23　倾斜静置和倾注过滤操作

3. 沉淀的洗涤及转移

(1) 洗涤:沉淀一般采用倾注法,按"少量多次"的原则进行。洗涤时,将少量洗涤液(以淹没沉淀为度)注入滤除母液的沉淀中,充分搅拌,静止分层后倾注上清液经滤纸过滤,以上操作需重复 3～4 次。

(2) 转移:在烧杯中加入少量洗涤液,用玻璃棒将沉淀充分搅起,立即将沉淀混悬液一次性倾入滤纸中(注意勿使沉淀损失)。然后用洗瓶吹洗烧杯内壁,冲下玻璃棒和烧杯壁上的沉淀,再充分搅拌进行倾注转移,经几次如此操作将沉淀几乎全部转移到滤纸上。最后,对吸附在烧杯壁上和玻璃棒上的沉淀,可用撕下的滤纸角擦拭玻璃棒后,将滤纸角放入烧杯中,用玻璃棒推动滤纸角使附着在烧杯内壁的沉淀松动。将滤纸角放入漏斗中,按图 1-24 的方式将剩余沉淀全部转入漏斗中。

(3) 沉淀全部转入滤纸后,需在滤纸上进行最后洗涤,按图 1-25 方式操作,注意洗涤时应在前次洗涤液流尽后,再冲加第二次洗涤液。

图 1-24　沉淀的转移操作　　　　　图 1-25　在滤纸上洗涤沉淀

三、沉淀的干燥与灼烧

1. 坩埚的恒重 将洗净的坩埚带盖放入高温炉中，慢慢升温至灼烧温度，恒温 30min，打开炉门稍冷后，用微热过的坩埚钳取出，放在石棉网上，稍冷后将坩埚移入干燥器中。要用手握住干燥器的盖并不时地将盖微微推开，以放出热空气，然后盖好干燥器，冷却 30min，取出称量。再将坩埚按上述方法灼烧，冷却称重，直至恒重。

2. 沉淀的包卷 用玻璃棒或干净的手指将滤纸三层部分掀起，把滤纸连同沉淀从漏斗中取出，然后打开滤纸，按图 1-26 所示方法包卷。

3. 沉淀的干燥 把包好的沉淀放入已恒重的空坩埚中，滤纸三层部分朝上，有沉淀的部分朝下，以利于滤纸的灰化。将坩埚与沉淀放入干燥箱中 105℃干燥。注意用坩埚钳移取坩埚及坩埚钳的摆放(图 1-27)。

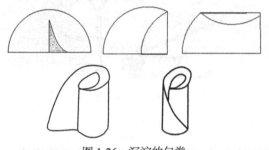

图 1-26　沉淀的包卷

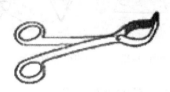

图 1-27　坩埚钳的放置

4. 沉淀的炭化、灰化与灼烧 沉淀干燥好后，将坩埚置于电炉上，先于低温使滤纸慢慢炭化(注意不要使滤纸着火燃烧)。待滤纸全部炭化后，可调高温度，将炭黑全部烧掉，完全灰化为止。最后将灰化完成的坩埚放入高温炉内灼烧，灼烧时要加盖，防止污染。恒温加热一定时间后，关闭电源，打开炉门，将坩埚移至炉口稍冷，取出后放在石棉网上，在空气中冷却至微热，移入干燥器，冷至室温，称量，直至恒重。

 实验十七　生药中灰分的含量测定

一、实验目的

1. 掌握挥发重量法测定生药灰分的方法。
2. 学习使用高温炉。

二、实验原理

灰分是指经高温灼烧后不挥发的无机物。应用挥发重量法，将试样中的有机物经高温灼烧，使其完全炭化，并进而灰化，根据灼烧后的残渣计算试样中灰分的含量。

三、仪器与试剂

仪器：高温炉，分析天平，坩埚，坩埚钳。
试剂：中药试样。

四、实验内容

1. 空坩埚的恒重 取空坩埚，置450～550℃高温炉中干燥至恒重。具体操作见实验十六基本操作内容。

2. 生药灰分的测定 取药材粉末 2～3g，精密称定，置已恒重的坩埚中。先于低温缓缓炽灼(在通风橱中进行)，注意避免燃烧，至完全灰化时，将坩埚转入450～550℃的高温炉中炽灼 1h，放冷，称重。重复炽灼，直到恒重。根据残渣重量计算试样中灰分的百分含量。

> **带教提示**
>
> 灼烧时应先在低温下缓慢进行，温度太高会使试样溅出坩埚，影响测定。

$$中药灰分\% = \frac{W_{残渣+坩埚} - W_{空坩埚}}{W_{样}} \times 100$$

五、思考题

生药灰分的测定与干燥失重的测定有何异同？

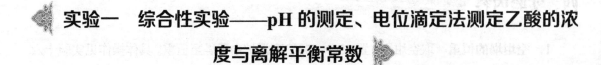

| 第二章 | 仪器分析实验

实验一 综合性实验——pH 的测定、电位滴定法测定乙酸的浓度与离解平衡常数

第一部分 pH 的测定

一、实验目的

1. 掌握三次测量法测定溶液 pH。
2. 熟悉酸度计的使用方法和注意事项。
3. 通过实验加深对直接电位法的测定原理和方法的理解。

二、实验原理

1. 直接电位法测定溶液 pH 常选用玻璃电极作指示电极，饱和甘汞电极作参比电极，浸入待测溶液中组成原电池。

(−)Ag｜AgCl(s)，内充液｜玻璃膜｜试液 ‖KCl(饱和)，$Hg_2Cl_2(s)$｜Hg(+)

此原电池的电动势为

$$E = \varphi_{SCE} - \varphi_{玻} = \varphi_{SCE} - \left(K - \frac{2.303RT}{F}pH\right) = K' + \frac{2.303RT}{F}pH$$

但由于 K 还包含了不对称电位与液接电位这些未知值，即 K' 未知，所以溶液的 pH 不能通过一次测量来完成。

实际的测量方法是：如已知测量仪器与两支电极的性能良好，可以采用两次测量法；否则必须采用三次测量法，即需要增加一次对测量仪器与两支电极的检验。

2. 三次测量法

(1) 定位：把两支电极插入第一种 pH 已知的标准缓冲溶液 s_1 中，测量电池电动势。

$$E_{s_1}(pH_{s_1,示值}) = K' + 0.0592pH_{s_1}$$

调节仪器上的"定位"旋钮，使仪器 pH 示值与标准缓冲液的 pH 一致，即使 K' 为零。(注：测量仪器按每 0.0592V 为 1 个 pH 单位，把电池电动势值自动转换为 pH，使仪器示值为 pH)

(2) 检验：把同样的两支电极浸入第二种标准缓冲溶液 s_2 中，测量其电动势。

$$E_{s_2}(pH_{s_2,示值}) = 0.0592pH_{s_2}$$

检验仪器示值与标准缓冲液的 pH 是否一致，若不一致，并超出了允许范围(0.02pH)，如属于电极问题，则可调节仪器上的"斜率"旋钮，使其相等。若无法调整到位，第三步中 pH_X 的测量值会有误差，故应更换电极或采用计算校正法校正待测溶液的 pH_X。

(3) 测定：把同样的两支电极插入待测溶液中，测量电池电动势

$$E_X(pH_{X, \ 示值}) = 0.0592pH_X$$

此时仪器 pH 示值即为待测溶液的 pH_X。

《中国药典》(2015 版附录)收载了 5 种 pH 标准缓冲液在 0～50℃下的 pH 基准值，是药品检验中 pH 测量的统一标准。由于标准缓冲液和试样溶液的组成不同，为进一步减小测量误差，标准缓冲液 pH_S 应尽可能地与待测 pH_X 相接近，通常控制 pH_S 和 pH_X 之差在 3 个 pH 单位之内。

三、仪器与试剂

仪器：pHS-25 型 pH 计，复合 pH 电极，50ml 烧杯。

试剂：pH 标准缓冲溶液，待测试液。

四、实验内容

1. pH 计的调零、定位(校准)与检验

(1) 调零与校正：按 pH 计使用方法操作。

(2) 调节"温度"旋钮至室温。

(3) 定位(校准)：选用一种合适 pH_{s_1} 值的标准缓冲溶液(如邻苯二甲酸氢钾或其他标准缓冲溶液)，按 pH 计使用方法操作。

(4) 检验：用定位好的 pH 计测量另外一种标准缓冲溶液的 pH_{s_2}。若仪器示值与标准缓冲液的 pH_{s_2} 不一致，则调节仪器上的"斜率"旋钮，使其相等。

2. 待测试液 pH 的测定
用"定位"和"检验"后的 pH 计测定试液的 pH，记录测得的 pH。

五、实验数据和结果

编号	1	2	平均值
pH			

结论：

六、注意事项

1. 玻璃电极下端的玻璃球很薄，所以切忌与硬物接触，一旦破裂，则电极完全失效。

2. 玻璃电极使用前，应把玻璃电极浸泡在蒸馏水中 24h 以上。用后也浸泡在蒸馏水中，供下次使用。

3. 甘汞电极内装饱和 KCl 溶液，并应有少许结晶存在。注意不要使饱和 KCl 溶液放干，以防电极损坏。

4. 校准仪器的标准溶液与被测溶液的温度相差应不大于 1℃。

5. pH 计使用完，电源开关应在"关"处。量程开关应在"0"处，仪器应置于干燥的环境中保存。

七、思考题

1. 在测量溶液 pH 时，为什么 pH 计要用标准 pH 缓冲溶液进行定位？
2. 在测量溶液 pH 时，为什么应尽量选用 pH 与它相近的标准缓冲溶液来校正 pH 计？
3. 使用玻璃电极测量溶液 pH 时，应注意些什么？

第二部分　电位滴定法测定乙酸的浓度与离解平衡常数

一、实验目的

1. 掌握电位滴定法的基本操作及确定滴定终点的方法。
2. 掌握乙酸浓度的测定方法。
3. 掌握乙酸离解平衡常数 pK_a 的测定。

二、实验原理

电位滴定法是在滴定过程中根据指示电极和参比电极的电位差或溶液的 pH 的突跃来确定终点的方法。在酸碱电位滴定过程中，随着滴定剂的不断加入，被测物与滴定剂发生反应，溶液 pH 不断变化，就能确定滴定终点。滴定过程中，每加一次滴定剂，测一次 pH，在接近化学计量点时，每次滴定剂加入量要小到 0.10ml，滴定到超过化学计量点为止。这样就得到一系列滴定剂用量 V 和相应的 pH 数据。

常用的确定滴定终点的方法有以下几种。

(1) 绘 pH~V 曲线法：以滴定剂用量 V 为横坐标，pH 为纵坐标，绘制 pH~V 曲线。作两条与滴定曲线相切的 45°倾斜的直线，等份线与直线的交点即为滴定终点。

(2) 绘 $\Delta pH/\Delta V$~V 曲线法：$\Delta pH/\Delta V$ 代表 pH 的变化值一所微商与对应的加入滴定剂体积的增量(ΔV)的比。$\Delta pH/\Delta V$~V 曲线的最高点即为滴定终点。

(3) 二阶微商法：绘制($\Delta^2 pH/\Delta V^2$)~V 曲线。($\Delta pH/\Delta V$)~V 曲线上一个最高点，这个最高点下即是 $\Delta^2 pH/\Delta V^2$ 等于零的时候，这就是滴定终点法。

三、仪器与试剂

仪器：pHS-25 型 pH 计，电磁搅拌器，pH 玻璃电极，饱和甘汞电极，10ml 半微量碱式滴定管，100ml 小烧杯，10.00ml 移液管，100ml 容量瓶。

试剂：乙酸试样溶液(0.6mol/L)，NaOH 标准溶液(0.1mol/L)，0.05 mol/L 邻苯二甲酸氢钾标准缓冲溶液(pH=4.00，25℃)。

四、实验内容

1. 正确安装电位滴定装置。

2. 按 pH 计使用方法"调零"、"校正"，用 pH=4.00(25℃)的邻苯二甲酸氢钾标准缓冲溶液将 pHS-25 型 pH 计"定位"。

3. **乙酸的电位滴定**　吸取乙酸试样溶液 10.00ml 置 100ml 烧杯中，放入搅拌磁子，加水约 20ml，插入玻璃电极和饱和甘汞电极，开启电磁搅拌器，在不断搅拌下用 0.1mol/L NaOH 标准溶液进行滴定。开始时每加入 2.0ml 记录一次 pH，在接近化学计量点(NaOH 的加入使 pH 变化较大)时，每次加入 NaOH 的量应逐渐减少，在化学计量点附近时每加 0.10ml 或 0.05ml 记录一次 pH。

滴定结束后，取下玻璃电极浸泡于蒸馏水中，饱和甘汞电极用水洗净，滤纸吸干，套好橡胶套，存放在电极盒中。

五、数据处理

1. **求 HAc 的 pK_a 或 K_a 值**　以 V_{NaOH} 为横坐标，pH 为纵坐标，绘制 pH-V 曲线。用作图法(如下图所示)求出化学计量点所消耗的 NaOH 标准溶液体积 V_{sp} 和 1/2V_{sp}，1/2V_{sp} 时的 pH 即为 pK_a。

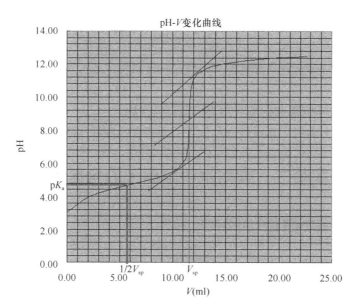

结论：

2. **求 HAc 试样溶液的浓度**　二级微商线性内插法。

截取终点附近的几组(8～10 组)数据，按下表进行数据处理。由于计量点附近的二阶微商曲线近似于直线，用线性内插法计算滴定终点 V_{sp}，再求 HAc 试样溶液的浓度。

1	2	3	4	5	6	7	8	9
V(ml)	pH(v)	ΔpH	ΔV	ΔpH/ΔV	$\overline{V}$	$\Delta(\Delta$pH/$\Delta V)$	$\Delta\overline{V}$	Δ^2pH/ΔV^2

结论：

六、注意事项

1. 注意每个电极接口处拧紧，以免接触不良。
2. 注意电极浸入溶液的深度，既要插入液面，又要让磁性转子有充分的旋转余地，避免损坏电极。
3. 注意观察化学计量点的到达，在计量点前后应等量小体积地加入 NaOH 标准溶液。

七、思考题

1. 用电位滴定法确定终点与指示剂法相比有何优缺点？
2. 从 pH-V 曲线上确定化学计量点的位置，是否在突跃的中点？为什么？

 ## 实验二 饮用水中氟离子的含量测定

一、实验目的

1. 掌握用氟离子选择性电极测定水中微量氟离子的方法。
2. 熟悉 TISAB 的配制与使用。

二、实验原理

氟离子选择性电极由 LaF 单晶薄片电极膜、Ag-AgCl 内参比电极及 NaCl-NaF 内充溶液组成，以其为指示电极，以双盐桥饱和甘汞电极为参比电极，插入含氟化物的待测溶液中，其电极电位与溶液中 F^- 活度的对数呈线性关系，可用来测定水中的微量 F^-。

离子选择电极的分析方法较多，基本的方法是工作曲线法和标准加入法。用氟电极测定 F^- 浓度的方法与测 pH 的方法相似。以氟离子选择电极为指示电极，甘汞电极为参比电极，插入溶液中组成电池，电池的电动势 E 在一定条件下与 F^- 的活度的对数值成直线关系。

$$E = K - \frac{2.303RT}{F} \lg \alpha_{F^-}$$

式中 K 为包括内外参比电极的电位、液接电位等的常数。通过测量电池电动势可以测定 F^- 的活度。当溶液的总离子强度不变时，离子的活度系数为一定值，则

$$E = K' - \frac{2.303RT}{F} \lg c_{F^-}$$

E 与 F^- 的浓度 c_{F^-} 的对数值成直线关系。因此，为了测定氟离子的浓度，常在标准溶液与试样溶液中同时加入相等的足够量的惰性电解质作总离子强度的调节缓冲溶液，使它们的总离子强度相同。氟离子选择电极适用的范围很宽，当 F^- 的浓度在 $10^{-6} \sim 1 mol/L$ 范围内时，氟电极电位与 pF(氟离子浓度的负对数)成直线关系。因此可用标准曲线法或标准加入法进行测定。

应该注意的是，因为直接电位法测得的是该体系平衡时的 F^-，因而氟电极只对游离 F^- 有响应。在酸性溶液中，H^+ 与部分 F^- 形成 HF 或 HF_2^-，会降低 F^- 的浓度。在碱性溶液中 LaF_3 薄膜与 OH^- 发生交换作用而使溶液中 F^- 浓度增加。因此溶液的酸度对测定有影响，氟电极适宜测定的 pH 为 5～7。

废水中干扰离子及酸度对测定的影响可加入总离子强度调节缓冲剂消除。

三、仪器与试剂

仪器：pHS-25 型 pH 计，氟离子选择性电极，饱和甘汞电极，电磁搅拌器，50ml 塑料瓶，50ml、100ml 容量瓶，5ml、10ml 吸量管等。

试剂：氟化钠、硝酸钠、柠檬酸钠、冰醋酸(均为分析纯)，近饱和 NaOH 溶液，HNO_3 溶液，溴甲酚绿溶液，2mol/L NaOH 溶液。

四、实验内容

1. TISAB 的配制　称取 57.80g 硝酸钠和 0.3g 柠檬酸钠，溶于水后，加冰醋酸 57.0ml，用水稀释至约 500ml，用近饱和 NaOH 溶液调 pH 约为 5.25，用水稀释至 1000ml。

2. 氟标准溶液(100μg/ml)**的配制**　准确称取在 120℃ 干燥恒重的氟化钠 0.2210g，用无氟的蒸馏水溶解并稀释至刻度，摇匀。储于聚乙烯瓶中。

3. 氟标准溶液(10.0μg/ml)**的配制**　取 100μg/ml 氟标准溶液 10.0ml，用无氟的蒸馏水稀释成 100ml，即得。

4. 标准曲线的绘制

(1) 取 10.0μg/ml 氟标准溶液 0.00ml、0.50ml、1.00ml、1.50ml、2.00ml，分别置于 50ml

容量瓶中，加入 0.1%溴甲酚绿溶液 1 滴，加 2mol/L NaOH 溶液至溶液由黄变蓝。再加入 HNO_3 溶液至溶液恰好变为黄色。加入总离子强度缓冲溶液 10ml，用无氟蒸馏水稀释至刻度，摇匀，即得氟离子的标准系列溶液。

(2) 将标准系列溶液由低浓度到高浓度依次转入塑料烧杯中，插入氟电极和参比电极，在电磁搅拌器上搅拌 4min，停止搅拌半分钟，开始读取平衡电位，然后每隔半分钟读一次，直至 3min 内不变为止。

(3) 用计算机处理有关数据，绘制标准曲线。也可在普通坐标纸上作 E(mV)-pF 图，即得标准曲线。

5. 水样的测定　取含氟水样 25ml 于 50 ml 容量瓶中，加入 0.1%溴甲酚绿溶液 1 滴，加 2 mol/L NaOH 使溶液由黄变蓝，再加 1mol/L HNO_3 溶液至溶液由蓝恰变为黄色。加入总离子强度调节缓冲液 10ml，用无氟蒸馏水稀释至刻度，摇匀。在与标准曲线相同的条件下测定电位。从标准曲线上查出 F 浓度，再计算水样中 F^- 的浓度。

五、实验结果

$V_标$(ml)	$c_标$(μg/ml)	pF	测量次数		$E_平均值$ (mV)
			E_1	E_2	
0.00	0.00				
0.05	0.10	1.00			
1.00	0.20	0.70			
1.50	0.30	0.52			
2.00	0.40	0.40			
水样					

六、注意事项

1. 氟电极在使用前应在 10^{-3}mol/L 的 NaF 溶液中浸泡活化 1h 以上，使用前需在搅拌条件下用蒸馏水冲洗，并要多次更换烧杯中的蒸馏水，直到电动势稳定在一定值。连续使用期间的间隙，可将电极浸泡在水中；若长期不用，则风干后保存。

2. 电极晶片勿与硬物碰擦。

3. 每次电极插入溶液前都要用蒸馏水冲洗，并用滤纸吸干水分。

4. 标准曲线和水样检测的条件要一致。

七、思考题

1. 氟电极测定 F^- 的原理是什么？

2. 在加入总离子强度调节缓冲溶液前，为什么要先加入溴甲酚绿指示剂，并加入 NaOH 溶液和 HNO_3 溶液？

3. 绘制标准曲线时为什么要按溶液由稀到浓的顺序测量?

4. 总离子强度调节缓冲溶液包含哪些组分? 各组分的作用是什么?

 实验三　永停滴定法标定 0.005mol/L 碘标准溶液

一、实验目的

1. 掌握永停滴定法的原理、操作、终点确定方法。
2. 掌握永停滴定法标定 I_2 标准溶液浓度的方法。

二、实验原理

永停滴定法是将两支完全相同的铂电极插入待测溶液中,在两电极间外加一小电压(10~200mV),根据可逆电对有电流产生,不可逆电对无电流产生的现象,通过观察滴定过程中电流变化情况确定滴定终点的方法。此方法装置简单,准确度高,确定终点的方法简便。

本实验用 $Na_2S_2O_3$ 标准溶液滴定 I_2 液,以永停滴定法确定终点,标定 I_2 标准溶液浓度。滴定反应为

$$I_2 + 2S_2O_3^{2-} \longrightarrow S_4O_6^{2-} + 2I^-$$

化学计量点前,溶液中有 I_2/I^- 可逆电对存在,因此有电解电流通过两电极,随着滴定的进行,溶液中 I_2 浓度越来越小,电流也逐渐变小。化学计量点时,电流降至最低点。化学计量点后,溶液中仅有 $S_4O_6^{2-}/S_2O_3^{2-}$ 不可逆电对及 I^-,无电解反应发生,电流不再变化,因此 $Na_2S_2O_3$ 标准溶液滴定 I_2 液是以电流计突然下降至零并保持不再变动为滴定终点。

三、仪器与试剂

仪器:ZYD-1 型自动永停滴定仪,10ml 量筒,25ml 酸式滴定管,10ml 烧杯。

试剂:$Na_2S_2O_3$ 标准溶液(0.01mol/L),KI(s),I_2 液(0.005mol/L)。

四、实验内容

精密吸取 5ml 待标定 I_2 液,置 100ml 烧杯中,加 0.2g KI 和 55ml 蒸馏水。在电磁搅拌下,用 $Na_2S_2O_3$ 标准溶液(0.01mol/L)滴定至电流计突然下降至零并保持不再变动,即为终点,记录读数。按下式计算 I_2 液浓度。

$$c_{I_2} = \frac{(cV)_{Na_2S_2O_3}}{2V_{I_2}}$$

五、注意事项

1. 自动永停滴定仪的安装与操作请参照说明书。

2. 铂电极应完全浸入液面下，但不要触及器皿底部，以免损坏。

3. 永停滴定仪使用完，电源开关应在"关"处。仪器应置于干燥的环境中保存。

六、思考题

1. 本方法与指示剂法相比有何优点？
2. 如果用 I_2 来滴定 $Na_2S_2O_3$ 溶液，其电流变化情况如何？终点该如何判断？

 ## 实验四 综合性实验——可见分光光度计的性能检验与水中微量铁的含量测定

第一部分 可见分光光度计的性能检验

一、实验目的

1. 熟悉可见分光光度计的性能检验方法。
2. 掌握可见分光光度计的使用。

二、实验原理

1. 可见分光光度计的性能好坏，直接影响到测定结果的准确性，因此新购仪器及使用一定时间后，均需进行检验调整。

2. 利用镨钕滤光片在波长 529nm 处的吸收峰来检验波长的准确度。

3. 同种厚度的吸收池，往往由于材料及工艺等原因，造成透光率的不一致，从而影响测定结果，故在使用时需加以选择配对。

三、仪器与试剂

仪器：722 型可见分光光度计，镨钕玻璃滤光片。
试剂：蒸馏水。

四、实验内容

1. 稳定度

(1) 零点稳定度：仪器在光电检测器不受光(即放入黑体)的条件下，用零点调节器调至透射率零点，观察 3 min，读取透射率示值的最大漂移量 ΔT。规定$-0.2\% < \Delta T < +0.2\%$。

(2) 光电流稳定度：仪器波长分别置于仪器光谱范围(400～800nm)两端往中间靠 10 nm(410nm 与 790nm)处，调整零点后，打开光门(即移走黑体)，使光电检测器受光，先照射 5 min。后用"100%"调节器将仪器透射率调至 95%(数显仪器调至 100%)处，再观察 5min，读取透射率示值的最大漂移量 ΔT。规定 $-0.8\% < \Delta T < +0.8\%$。

数据记录表

零点稳定度	光电流稳定度	
	410nm	790nm
$T\%$=0.0，观察 3min	$T\%$=100.0，观察 5min	$T\%$=100.0，观察 5min
ΔT=	ΔT=	ΔT=

结论(示例)：经检验零点稳定度，符合规定($-0.2\% < \Delta T < +0.2\%$)，光电流稳定度符合规定($-0.8\% < \Delta T < +0.8\%$)。

2. 波长准确度与波长重复性　以镨钕玻璃滤光片的最大吸收波长 529nm 作为标准波长，从 524nm 起至 534nm 止，每 1 纳米测 1 透射率，按上述过程连续测量 3 次，记录波长测量值 λ_i。

注意：本实验以空气为空白，每改变一个波长必须重新校准空气的透光率为 100%。

波长准确度按下式计算：

$$\Delta\lambda = \frac{1}{3}\sum_{i=1}^{3}\left(\lambda_i - \lambda_s\right)$$

式中，λ_i 代表各次波长测量值(nm)；λ_s 代表相应波长标准值(nm)。

数据记录表

测定波长		524	525	526	527	528	529	530	531	532	533	534
第 1 次	$T\%$											
第 2 次	$T\%$											
第 3 次	$T\%$											

计算求出 $\Delta\lambda$。

结论(示例)：经检验 $\Delta\lambda = +1$nm，符合规定(规定 $\Delta\lambda \leqslant \pm 2$nm)。

波长重复性按下式计算：

$$\delta_\lambda = \max\left|\lambda_i - \frac{1}{3}\sum_{i=1}^{3}\lambda_i\right|$$

计算求出 δ_λ。

结论(示例)：经检验 δ_λ=1nm，符合规定(规定 $\delta_\lambda \leqslant 1$nm)。

3. 吸收池的配套性　将波长置于 700 nm 处，在 4 个同一光径厚度的吸收池中，分别注入蒸馏水。将透射率最大的吸收池加入蒸馏水并调整其透射率为调至 100%，测量其他各池的透射率，记录测定数据。规定各池百分透射率之差≤0.5%。

数据记录表(测定波长：510nm，溶剂：蒸馏水)

池号	1	2	3	4
T%				

结论(示例): 1 号与 3 号池透射率之差符合规定, 2 号与 4 号池透射率之差不符合规定(规定各池百分透射率之差≤0.5%)。

最后选用透射率之差不大于 0.5% 的吸收池, 配成一套使用。

五、注意事项

1. 使用前应预热 30min, 以使仪器达到良好的工作状态。
2. 非测试时, 应关闭光门(即放入黑体), 以免检测器长时间受光照射, 造成疲劳或损坏。
3. 使用吸收池时应手持粗糙面; 擦拭透光面的液滴时, 用擦镜纸顺着一个方向轻轻擦拭, 以免磨损透光面。
4. 实验完毕, 洗净吸收池, 并倒置沥干后置吸收池盒中保存。

六、思考题

1. 同种吸收池透射率的差异对测定有何影响?
2. 检查可见光度计光电流稳定度及波长准确度对测定有什么实际意义?

第二部分　水中微量铁的含量测定

一、实验目的

1. 熟悉可见分光光度计的使用。
2. 了解邻二氮菲测定 Fe^{2+} 的原理和方法。
3. 掌握用标准曲线法进行定量测定的原理及方法。

二、实验原理

铁是药物和水中常见的一种杂质, 含量大时易产生特殊气味, 因此对药物和饮水中的铁要进行检查和测定。亚铁离子与邻二氮菲能生成稳定的红色配合物($\lg\beta_3$=21.3), λ_{max}=510nm(ε = 11 000), 故应用此反应可测定微量铁, 当铁以 Fe^{3+} 形式存在于溶液中时, 因与邻二氮菲生成淡蓝色配合物而产生干扰, 测定时可预先用还原剂(盐酸羟胺或对苯二酚等)将其还原为 Fe^{2+}。显色时溶液 pH 应为 2~9, 若酸度过高(pH<2)显色缓慢且色浅; 若酸度过低, Fe^{2+} 易水解。

三、仪器与试剂

仪器: 可见分光光度计, 分析天平, 容量瓶(1000ml、500ml、100ml、50ml、25ml), 移液

管，烧杯，洗耳球。

试剂：0.02mol/L $K_2Cr_2O_7$ 溶液，重铬酸钾基准物，0.005mol/L 硫酸溶液，$(NH_4)_2SO_4 \cdot FeSO_4 \cdot 6H_2O$ (AR)，HCl(6mol/L)，10% 盐酸羟胺(新配制)，乙酸盐缓冲液，邻二氮菲溶液(0.15%，新配制)。

试样：自来水、井水或河水。

四、实验内容

1. 试液制备

(1) 标准铁溶液的制备：取分析纯 $(NH_4)_2SO_4 \cdot FeSO_4 \cdot 6H_2O$ 约 0.35g，精密称定，置于 150ml 烧杯中，加入 6mol/L HCl 溶液 20ml 和少量水，溶解后，转置 1L 容量瓶中加水稀释至刻度，摇匀。

(2) 乙酸盐缓冲液的制备：取乙酸钠 136g 与冰醋酸 120ml 于 500ml 容量瓶中，加水稀释至刻线，摇匀。

2. 标准曲线绘制
分别量取上述标准铁溶液 0.0ml、0.50ml、1.00ml、1.50ml、2.00ml、2.50ml 于 50ml 容量瓶中，依次加入乙酸盐缓冲液 5ml、盐酸羟胺 1ml、邻二氮菲溶液 3ml，用蒸馏水稀释至刻度，摇匀，放置 10min。以第一份溶液作空白，用 1cm 吸收池在可见分光光度计上于 510nm 处测定每份溶液的吸光度。以测得各溶液的吸光度为纵坐标，浓度(或含铁量)为横坐标，绘制标准曲线，用最小二乘法求线性回归方程与相关系数。

3. 水样的测定
以自来水、井水或河水为样品，精密量取澄清水样 10.00ml(相当于含铁 0.15mg)，置于 50ml 容量瓶中。按上述"标准曲线绘制"项下，自"加入乙酸盐缓冲液"起，依法制备样品溶液，并测定吸光度，根据测得的吸光度代入线性回归方程，再经过换算求出水中的总铁量。

标准铁溶液体积(ml)	0.50	1.00	1.50	2.00	2.50	试样溶液
吸光度 A						

五、注意事项

1. 吸收池必须配套使用，每台仪器所配套的吸收池不能与其他仪器上的吸收池单个或全部调换。

2. 盛装标准溶液和水样的容量瓶应做好标记，以免混淆。

3. 在测定标准系列各溶液吸光度时，要从稀溶液至浓溶液依次进行测定。且每更换一种测定液，吸收池需用下一个浓度的溶液润洗 3 次。

六、思考题

1. 同种吸收池透射率的差异对测定有何影响？

2. 检查可见分光光度计吸光度的准确度及重现性对测定有什么实际意义？

3. 使用可见分光光度计时，应注意哪些问题？

4. 根据邻二氮菲亚铁配离子的吸收光谱，其 λ_{max} 为 510nm。本次实验中实际测得的最大吸收波长是多少？若有差别，试作解释。

5. 根据制备标准曲线测得的数据判断本次实验所得浓度与吸光度之间线性关系的好坏？分析其原因。

6. 显色反应的操作中若对照品溶液与样品液有不同的 pH，对显色有无影响？

7. 根据实验数据计算邻二氮菲亚铁配离子在最大吸收波长处的摩尔吸光系数，若与文献值(1.1×10^4)的差别较大，试作解释。

8. 吸收池的透射率和厚度常不能绝对相同，试考虑在什么情况下必须检验校正，或可以忽略不计。

 实验五　维生素 B_{12} 的定性鉴别与含量测定

一、实验目的

1. 学习绘制吸收曲线及测定波长的选择。
2. 掌握维生素 B_{12} 注射液的吸收峰比值鉴别方法。
3. 掌握用吸收系数法测定注射液含量的方法。
4. 掌握标示量的百分含量及稀释度等计算方法。

二、实验原理

1. 吸收曲线的绘制可以通过配制适宜浓度的待测液，利用双波长或双光束紫外-可见分光光度计在一定波长范围内扫描得到，或用单光束紫外-可见分光光度计在不同波长处分别测定待测液的吸光度，绘制吸光度-波长曲线得到。从吸收曲线上可选择最大吸收波长(λ_{max})或适宜的波长作为定量分析的测定波长。

2. 对于给定物质，吸收曲线不同，但波长的吸光度和吸收系数的比值是一定值，可依此进行鉴别。

3. 百分吸收系数 $E_{1cm\,\lambda_{max}}^{1\%}$ 是指当溶液浓度为 1%(g/100ml)、液层厚度为 1.00cm 时，在一定波长处的吸光度。其在一定波长下为定值，可以通过标准曲线的斜率或测定某一浓度溶液的吸光度计算得到。《中华人民共和国药典》(简称《中国药典》)常用的百分吸收系数是根据朗伯-比尔(L-B)定律，通过测定某一波长的吸光度计算得到的。

4. 维生素 B_{12} 是一种含钴的卟啉类化合物，分别在(278 ± 1)nm、(361 ± 1)nm 与(550 ± 1)nm 处有吸收，2015 年版《中国药典》规定：A_{361nm} 与 A_{278nm} 的比值应为 1.70～1.88；A_{361nm} 与 A_{550nm} 的比值应为 3.15～3.45，依此进行鉴别；《中国药典》以维生素 B_{12} 的吸收系数 $E_{1cm\,361nm}^{1\%}$ 为 207 进行含量测定，由吸收系数定义，即得

$$E^{1\%}_{1cm361nm} =207(100ml/g \cdot cm) =2.07\times10^{-6}(ml/\mu g \cdot cm)$$

所以 $\qquad c_{样} =c_{测}\times D = A_{测}/(b\times E^{1\%}_{1cm})\times D = A_{样}\times48.31\times D(\mu g/ml)$ (注:式中 D 为稀释倍数)

注射液标示量以 $100\mu g/ml$ 计,规定其标示量百分含量应为 90.0%～110.0%,据此判断样品是否合格。

则

$$标示量百分含量 = \frac{c_{样}}{标示量(100\mu g/ml)}\times100\%$$

三、仪器与试剂

仪器:紫外-可见分光光度计,石英吸收池(1cm),吸量管,容量瓶。

试药:维生素 B_{12} 注射液($100\mu g/ml$、$500\mu g/ml$)。

四、实验内容

1. 定性鉴别

(1) 供试品溶液的配制:精密吸取维生素 B_{12} 注射液(标示量 $500\mu g/ml$)0.60ml 或(标示量 $100\mu g/ml$)3.00ml,置于 10ml 容量瓶中,加蒸馏水至刻度,摇匀,即得。

(2) 吸光度的测定:取上述溶液适量,装入石英吸收池中,以蒸馏水为空白,分别在 (278 ± 1)nm、(361 ± 1)nm 和 (550 ± 1)nm 波长处,测定吸光度 A。

注意事项:吸收池必须做匹配性试验,获取校正值;测定吸光度时吸收池需用待测液润洗 3 次;每次更换测定波长必须重新校准空白溶液的透射率为 100%。

2. 含量测定

在 (361 ± 1)nm 处测定的吸光度 A,应用吸收系数($E^{1\%}_{1cm361nm}=207$)法计算维生素 B_{12} 标示量百分含量。

五、数据记录及处理

	A	A_{361}/A_{278}	A_{361}/A_{550}	标示量%
278nm			—	
361nm				
550nm		—		

结论:

六、思考题

1. 单色光不纯对于测得的吸收曲线有什么影响?

2. 试比较用标准曲线法与吸收系数法定量分析的优缺点。

3. 百分吸收系数与摩尔吸收系数的意义和作用有何区别？怎样换算？试将本实验中的百分吸光系数换算成摩尔吸光系数（$M_{C_{63}H_{88}CoN_{14}O_{14}P} = 1355.38$）。

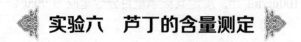

实验六　芦丁的含量测定

一、实验目的

1. 掌握显色反应的操作方法。
2. 掌握标准曲线法、标准对照法测定含量的方法。

二、实验原理

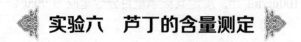

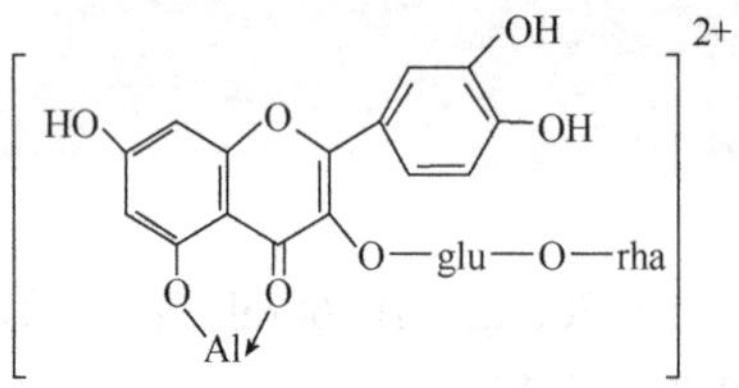

图 2-1　黄酮苷与 Al^{3+} 生成的黄色配合物

显色反应需要具备良好的重现性与灵敏性，因此必须控制反应的条件，包括溶剂种类、试剂用量、溶液酸碱度、反应时间和比色时间等。芦丁为黄酮苷，能与 Al^{3+} 生成黄色配合物，在 $NaNO_2$ 的碱性溶液中呈红色，在 510nm 波长处有最大吸收。因此可通过显色反应，用分光光度法测定芦丁含量，但应注意控制反应时间、比色时间及试剂用量(图 2-1)。

分光光度法的定量分析方法一般采用标准曲线法、标准对照法及吸收系数法。本实验采用前两种方法。

1. 通过测定系列对照品溶液的吸光度，制作标准曲线或回归方程，从标准曲线上读出或由回归方程计算出样品溶液的实测浓度 $c_{测}$(mg/ml)，计算样品中芦丁的质量分数。

$$w_{芦丁} = \frac{c_{测} \times 10.0}{c_{样} \times 3.0} \times 100\%$$

2. 若标准曲线过原点，可选用一个浓度的对照品溶液测定吸光度，并在相同的条件下测定样品溶液的吸光度，用标准对照法计算样品的实测浓度 $c_{测}$(mg/ml)和芦丁的质量分数。

$$c_{测} = \frac{c_{标} \times A_{测}}{A_{标}} (mg/ml)$$

$$w_{芦丁} = \frac{c_{测} \times 稀释倍数}{c_{标}} \times 100\%$$

三、仪器与试剂

仪器：紫外-可见分光光度计，玻璃比色皿(1cm)，容量瓶，移液管，吸量管。

试剂：30%乙醇溶液，5%亚硝酸钠溶液，10%硝酸铝溶液，1mol/L 氢氧化钠溶液。

四、实验内容

1. 芦丁对照品溶液的制备($c_{标(配制)}$=0.1mg/ml) 取在 120℃减压干燥至恒重的芦丁对照品约 10mg，精密称定，置于 100ml 容量瓶中，加 30%乙醇适量，超声溶解，放冷并继续加 30%乙醇至刻度，摇匀。

2. 芦丁样品溶液的制备($c_{样(配制)}$=0.1mg/ml) 取芦丁粗品约 1g，精密称定，置于 100ml 容量瓶中，加 30%乙醇适量，超声溶解，放冷并继续加 30%乙醇至刻度，摇匀，得芦丁储备液(10mg/ml)。精密吸取该储备液 1.0ml，置于 100ml 容量瓶中，加 30%乙醇至刻度，摇匀。

3. 比色皿的校正值测定 同本章实验四。

4. 标准溶液的制备 精密吸取芦丁对照品溶液($c_{标(配制)}$=0.1mg/ml)0.00ml、1.00ml、2.00ml、3.00ml、4.00ml、5.00ml，分别置于 10ml 容量瓶中，依次加 30%乙醇至溶液体积为 5.00ml，各加入 5%亚硝酸钠溶液 0.3ml，充分摇匀 5min 后，各精密加入 10%硝酸铝溶液 0.3ml，再充分摇匀 5min 后，各加入 1mol/L 氢氧化钠溶液 4.0ml，然后用蒸馏水稀释至刻度，充分摇匀 5min 后，以第 1 瓶作空白，用紫外-可见分光光度计在 510nm 波长处测定各瓶溶液的吸光度 A。

5. 样品测定 精密吸取芦丁样品溶液($c_{样(配制)}$=0.1mg/ml)3.0ml，置于 10ml 容量瓶中，按"标准溶液的制备"项下相应的方法操作，直至测定出样品溶液的吸光度 A。

五、数据记录及处理

1. 根据 $c_{标(配制)}$ 计算各对照品溶液浓度 $c_{标}$(mg/ml)。
2. 绘制 A-c 标准曲线，计算回归方程和相关系数(r)。
3. 用标准曲线法和标准对照法分别计算芦丁的质量分数。

$c_{标(配制)}$_____(mg/ml)；$c_{样(配制)}$_____(mg/ml)

容量瓶编号	标 1	标 2	标 3	标 4	标 5	样品
A_0						
A						
A_i						
$c_{标}$(mg/ml)						—
回归方程				相关系数 r		
$w_{芦丁}$(标准曲线法)						
$w_{芦丁}$(标准对照法)						

六、注意事项

1. 如实验时室温低，芦丁有析出现象，可微热使其溶解。

2. 本显色反应为配位反应，反应速度较慢，故每加入一种试剂后应充分振摇，以利反应完全，并且各种试剂加入的顺序应按实验步骤进行。

七、思考题

1. 显色反应有哪些影响因素？
2. 试比较用标准对照法与标准曲线法定量分析的优缺点。
3. 指出本实验所加各试剂的作用。

 实验七　银黄口服液中黄芩苷的含量测定

一、实验目的

1. 掌握双波长吸收法测定混合物中待测组分含量的原理和方法。
2. 熟悉利用单波长分光光度计进行双波长法测定。

二、实验原理

在二元混合物的光度测定中，两组分的吸收光谱常常会相互重叠发生干扰，要测定其中某一组分的含量，若干扰组分在两个波长下有相同的吸光度(吸光系数)，而被测组分在这两个波长下吸光度差值较大，则可采用双波长吸收法消除干扰，测定待测组分的含量。

选择被测组分的最大吸收波长(或其附近)作为测定波长 λ_1，选择与 λ_1 波长下干扰组分吸光度相等的另一波长 λ_2 作为参比波长，分别测定混合物样品在 λ_1、λ_2 波长下溶液总的吸光度，则溶液在两波长处吸光度的差值即为被测组分在两波长处吸光度的差值，从而可以消除干扰组分的影响，测定被测组分的含量。

$$\because A_2^b = A_1^b$$

$$\therefore \Delta A = A_2 - A_1 = A_2^a - A_1^a = (E_2^a - E_1^a)c_a \cdot l$$

$$c_a = \frac{\Delta A}{(E_2^a - E_1^a) \cdot l} = \frac{\Delta A}{\Delta E_a} \cdot \frac{1}{l}$$

银黄口服液为金银花提取物与黄芩提取物制成的口服液，规格为每支 10ml，《中国药典》规定，该口服液每支含黄芩提取物以黄芩苷计不得少于 0.216g。

三、仪器与试剂

仪器：紫外-可见分光光度计，石英吸收池，容量瓶，移液管。
试剂：银黄口服液，黄芩苷对照品，乙醇，蒸馏水。

四、实验步骤

1. 黄芩苷对照品溶液的制备 取 105℃ 干燥至恒重的黄芩苷对照品约 10mg,精密称定,定量转移至 10ml 容量瓶中,用 60% 乙醇稀释至刻度,即得黄芩苷对照品储备液。精密吸取黄芩苷对照品储备液溶液(1mg/ml)0.5ml,置 10ml 容量瓶中,用 60% 乙醇稀释至刻度备用。

2. 供试品溶液的制备 精密吸取银黄口服液 1.0ml,置 100ml 容量瓶中,用 60% 乙醇稀释至刻度,过滤,取续滤液备用。

3. 无黄芩阴性对照液的制备 按银黄口服液的制备工艺制备无黄芩的阴性制剂。再按供试品溶液的制备方法,制成无黄芩的阴性对照溶液。

4. 用黄芩苷对照品溶液,在波长 200～600nm 内进行扫描,找出最大吸收波长 λ_{max}(280nm)。

5. 用无黄芩阴性对照液,在波长 200～600nm 内进行扫描,绘制吸收曲线,找出阴性对照液与 λ_{max} 波长下的吸收度相等、且与黄芩苷的吸光度有显著差别的波长 λ_2(352nm)。

6. 分别测定黄芩苷对照溶液在 λ_1(280nm)处的 A_{s_1},λ_2(352nm)处的 A_{s_2}。

7. 用供试品溶液在波长 200～600nm 内进行扫描,绘制吸收曲线,分别记录 λ_1=280nm 处的 A_{X_1} 和 λ_2=352nm 处的 A_{X_2}。

五、数据记录与处理

记录对照品溶液与供试品溶液测定的吸光度,利用公式进行含量计算。

测量值	A_{s_1}	A_{s_2}	ΔA_s	c_s	A_{X_1}	A_{X_2}	c_x

六、注意事项

样品测定所用的吸收池需进行配对性检查。

七、实验提示

选择测定的双波长时,既要使干扰组分在两个波长下的吸收系数相等,又要使被测组分在两个波长下的吸收系数有显著差别。

八、思考题

1. 紫外-可见分光光度法有哪几种定量分析方法?

2. 试述双波长分光光度法测定波长、参比波长选择的原则。

 ## 实验八　设计性实验——可见分光光度法测定铁的条件试验

一、实验目的

1. 熟悉中外文献的查阅方法。
2. 熟悉写作综述的基本方法与技巧。
3. 了解设计实验方案的基本方法。
3. 熟悉对照品溶液的配制、供试品溶液的制备方法。
4. 掌握分光光度法在药物含量测定中的应用。

二、仪器及试剂

学生根据设计性实验的项目与要求，给出所需各种仪器与试剂的清单。

三、实验内容

1. 各种试剂的配制。
2. 对照品溶液的配制。
3. 供试品溶液的制备。
4. **显色反应条件的优化与选择**　包含显色剂种类的选择、最大吸收波长的选择、显色剂用量的选择、各种试剂用量的选择、溶液 pH 的选择、显色时间的选择等。
5. 在所优化的条件下，测定新血宝中铁含量。

四、实验要求

1. 查阅资料，设计新血宝中铁的含量测定"显色反应条件的优化与选择"的实验方案，按照学生个人拟定的实验方案进行实验，并完成含量测定。
2. 学生设计的实验方案及所需仪器设备、各种试剂、试药必须首先向老师做出书面报告。
3. 要求设计的实验方案合理可行，实验条件具备。
4. 学生个人配制对照品溶液，个人配制所需各试剂。
5. 学生个人制备供试品溶液。
6. 在规定的时间内，完成上述所有实验内容。

五、设计性实验报告格式

（一）简短综述

通过查阅文献，采用直接引语或间接引语的方式，提炼文献中所提供的种种"关于水中铁含量测定"的重要信息，阐明实验方案设计的依据，并给出本人的观点，注明文献来源。

综述格式：提要、关键词、正文(不少于 500 字)、参考文献。

参考文献书写方法：作者.题名[J].杂志名,年,卷(期)：页码.

(二) 试验设计方案

不少于 4 个。

1. 显色剂种类的选择的设计方案。

2. 最大吸收波长的选择的设计方案。

3. 显色剂用量的选择的设计方案。

4. 各种试剂(还原剂、缓冲液等)用量的选择的设计方案。

5. 溶液 pH 的选择的设计方案。

6. 显色时间的选择的设计方案。

(三) 新血宝胶囊中铁的含量测定

在所优化的各种条件下，应用标准曲线法测定新血宝胶囊中铁的含量。

附：新血宝供试品溶液的制备与含量规定。

1. 供试品溶液的制备 取新血宝胶囊内容物 0.25g，精密称定，置于 250ml 容量瓶中，加 2.5ml 硫酸和 100ml 水，混匀，加水稀释至刻度线，摇匀，过滤，取续滤液作供试品。

2. 含量规定 新血宝胶囊每粒含硫酸亚铁(以 $FeSO_4 \cdot 7H_2O$ 计)应为 48～71mg。规格：0.25g/粒。

(四) 讨论

 实验九　双波长分光光度法测定安钠咖注射液中咖啡因的含量

一、实验目的

1. 掌握双波长分光光度法测定二元混合物中待测组分含量的原理和方法。

2. 掌握选择测定波长(λ_1)和参比波长(λ_2)的方法。

3. 掌握在单波长分光光度计上进行双波长法的测定。

二、实验原理

安钠咖注射液由无水咖啡因和苯甲酸钠组成，其紫外吸收光谱如图 2-2 所示。

吸收光谱表明咖啡因的吸收峰在 272nm 处，苯甲酸钠的吸收峰在 230nm 处。若要测定咖啡因，从光谱上可知干扰组分苯甲酸钠在 272nm 和 253nm 处的吸光度相等，则

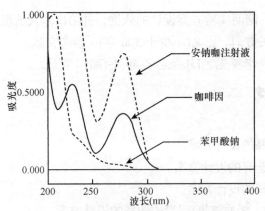

图 2-2　安钠咖注射液的紫外吸收光谱

$$\Delta A = A_{272nm}^{咖+苯} - A_{253nm}^{咖+苯} = A_{272nm}^{咖} + A_{272nm}^{苯} - A_{253nm}^{咖} - A_{253nm}^{苯}$$

$$= A_{272nm}^{咖} - A_{253nm}^{咖} (\because A_{272nm}^{苯} = A_{253nm}^{苯})$$

$$= E_{272nm}^{咖} c_{咖} b - E_{253nm}^{咖} c_{咖} b$$

$$= (E_{272nm}^{咖} - E_{253nm}^{咖}) c_{咖} b$$

$$= \Delta E_{咖} c_{咖} b$$

式中，ΔA 为混合物在 272nm 和 253nm 波长处的吸光度之差，272nm 和 253nm 为干扰组分苯甲酸钠的等吸收波长；$E_{272nm}^{咖}$、$E_{253nm}^{咖}$ 为被测组分在 272nm 和 253nm 波长处的吸收系数(用对照品测得)；$c_{咖}$ 为被测组分的浓度；b 为吸收池厚度。

ΔA 仅与咖啡因浓度成正比，而与苯甲酸钠浓度无关，从而测得咖啡因的浓度。

三、仪器与试剂

仪器：紫外-可见分光光度计，石英吸收池，容量瓶(100ml)，吸量管(1ml、10ml)。

试剂：咖啡因、苯甲酸钠、安钠咖、安钠咖注射液(每 1ml 中含无水咖啡因 0.12g、苯甲酸钠 0.13g)。

四、实验内容

1. 标准贮备液的制备　精密称取咖啡因和苯甲酸钠各 0.1g，分别用蒸馏水溶解，定量转移至 100ml 容量瓶中，用蒸馏水稀释至刻度，摇匀，即得浓度为 1.0mg/ml 的贮备液，置于冰箱中保存。

2. 咖啡因标准溶液的制备　精密量取咖啡因贮备液 1.0ml，置于 100ml 容量瓶中，加水稀释至刻度，摇匀。

3. 苯甲酸钠标准溶液的制备　精密量取苯甲酸钠贮备液 1.0ml，置于 100ml 容量瓶中，加水稀释至刻度摇匀。

4. 供试品溶液的制备　精密量取安钠咖注射液(浓度为每 1ml 中含无水咖啡因 0.012g、

苯甲酸钠 0.013g)1.0ml，置于 100ml 容量瓶中，加水稀释至刻度，摇匀。从中精密量取 10.0ml，置于 100ml 容量瓶中，加水稀释至刻度，摇匀。

5. 咖啡因和苯甲酸钠标准溶液紫外吸收光谱的测定 在紫外-可见分光光度计上，分别取咖啡因和苯甲酸钠标准溶液于 1cm 石英吸收池中，以蒸馏水为空白，在 200～400nm 范围内，扫描出紫外吸收光谱。

6. 干扰组分等吸收波长的选择 从苯甲酸钠吸收光谱图上找出等吸收波长 λ_1 和 λ_2，其中 λ_1 尽量与咖啡因的最大吸收波长一致。

7. 咖啡因标准溶液的 ΔA 测定 在紫外-可见分光光度计上，取咖啡因标准溶液于 1cm 石英吸收池中，以蒸馏水为空白，在 λ_1 和 λ_2 处分别测其吸光度。

8. 安钠咖样品液的 ΔA 测定 在紫外-可见分光光度计上，取安钠咖样品液于 1cm 石英吸收池中，以蒸馏水为空白，在 λ_1 和 λ_2 处分别测其吸光度。根据下式进行计算。

$$\Delta A = \Delta E c b \qquad \frac{\Delta A_{样}}{\Delta A_{标}} = \frac{\Delta E c_{样} b}{\Delta E c_{标} b} = \frac{c_{样}}{c_{标}}$$

$$咖啡因标示量 = \frac{c_{样} \times 稀释倍数}{标示量} \times 100\%$$

咖啡因标示量应在 95%～105%。

五、思考题

1. 为什么双波长分光光度法可以不经分离直接测定二元混合物中待测组分的含量？

2. 选择等吸收波长的原则是什么？怎样从吸收光谱图上选择等吸收波长？

带教提示

1. 在仪器扫描过程中，不要按动任何键，不要任意打开样品室盖子。

2. 石英比色皿每盒两只，测定前应进行比色皿配对检查。若不符合要求，亦不要随意与其他盒中的单个调换。

 实验十　综合性实验——红外分光光度计的性能检查及阿司匹林的红外光谱测定

一、实验目的

1. 学习红外分光光度计的工作原理及其操作方法。
2. 掌握红外分光光度计的性能指标及检查方法。
3. 了解红外光谱鉴定药物的一般过程。

二、实验原理

仪器的性能直接影响测试结果，通过对红外分光光度计性能的检查，了解仪器的分辨率、波长精度的准确性、检测灵敏度等,从而确定测得光谱的可靠性。选择固体样品绘制红外光谱,然后进行光谱解析,查对 Sadtler 红外光谱图。

三、仪器与试剂

红外分光光度计或傅里叶变换红外光谱仪(FTIR 仪),聚苯乙烯薄膜片,玛瑙研钵,压片模具。

试剂:阿司匹林,KBr。

四、实验内容

1. 分辨本领 启动仪器,将聚苯乙烯薄膜片置于样品光路上,测绘其红外吸收光谱。在 $3110\sim2800cm^{-1}$ 区间,应能明显分开碳氢伸缩振动的 7 个峰(5 个不饱和碳氢伸缩峰、2 个饱和碳氢伸缩峰),即 $3104cm^{-1}$、$3001cm^{-1}$、$3083cm^{-1}$、$3061cm^{-1}$、$3027.1cm^{-1}$、$2924cm^{-1}$、$2850.7cm^{-1}$。此外,$2924cm^{-1}$ 的峰谷与 $2850.7cm^{-1}$ 的峰尖间距应大于 $15\%T$;$1601.4cm^{-1}$ 的峰谷与 $1583.1cm^{-1}$ 的峰尖间距应超过 $10\%T$。

2. 波数重现性 用聚苯乙烯薄膜片重复进行两次扫描,其误差在 $4000\sim2000cm^{-1}$ 区间不得大于 $3cm^{-1}$,在 $2000\sim500cm^{-1}$ 区间不得大于 $1.5cm^{-1}$。

3. 狭缝线性与检测器满度能量输出 在调好 0%及 100%后,关闭样品光路,加 $0.1\mu V$ 测试信号,形成单光束运转,测量空气中 CO_2 及水气在参比光路的吸收光谱。在 $4000\sim600cm^{-1}$ 区间的背景线应平直,偏离应小于 $2\%T$。检测器满度输出能量为 E。

$$E = \frac{0.1\mu V}{T}$$

式中,T 为背景线的百分透光率,

E 应大于 0.5V,E 大表明仪器检测性能好。

4. I_0 线平直度 关闭光路,精确调节放大器零点平衡旋钮,使记录笔不向任何方向移动,打开光路将记录笔调至 $90\%T$,记录 $4000\sim400cm^{-1}$ 的 I_0 线。整个波段区间 I_0 线的不平直度应小于 $3.5\%T$,$4000\sim400cm^{-1}<1.0\%T$,$700\sim400cm^{-1}<2.5\%T$。

5. 波长精度 用聚苯乙烯薄膜片扫描,将 $2850.7cm^{-1}$、$1944cm^{-1}$、$1601.4cm^{-1}$、$1181.4cm^{-1}$、$1028cm^{-1}$、$906.7cm^{-1}$ 及 $541cm^{-1}$ 各峰与实测峰比较,其误差范围:$4000\sim200cm^{-1}$ 为 $\pm5cm^{-1}$、$2000\sim1100cm^{-1}$ 为 $\pm2cm^{-1}$;$1100\sim900cm^{-1}$ 为 $\pm1.5cm^{-1}$;$900\sim400cm^{-1}$ 为 $\pm2.5cm^{-1}$。

用单光束测试,H_2O 或 CO_2 各峰应为 $3750cm^{-1}(\pm5cm^{-1})$、$2350cm^{-1}(\pm5cm^{-1})$、$688cm^{-1}(\pm2.5cm^{-1})$。

若无现成的聚苯乙烯薄膜片时,也可自己动手制作:配制质量浓度约为 120 g/L 的 CCl_4-聚苯乙烯待测溶液,用滴管吸取此液于玻璃片上,立即推平,自然风干约 2h。

6. 阿司匹林的红外光谱测定

(1) 纯 KBr 薄片扫描本底:取少量 KBr 固体,在玛瑙研钵中充分磨细,并将其在红外灯下烘烤 10min 左右。取出约 100mg 装于干净的压膜内(均匀铺撒并使中心凸起),在压片机上于

29.4MPa 压力下压 1min，制成透明薄片。将此片装于样品架上，插入红外光谱仪的试样安放处，在 4000～600cm^{-1} 进行波数扫描。

(2) 扫描固体样品：取 1～2mg 阿司匹林(已经经过干燥处理)，在玛瑙研钵中充分研磨后，再加入 400mg 干燥的 KBr 粉末，继续研磨到完全混合均匀，并将其在红外灯下烘烤 10min 左右。取出 100mg 按照步骤(1)同样的方法操作，得到吸收光谱，并和标准光谱图比较。

最后，取下样品架，取出薄片，将模具、样品架擦净收好。

五、数据记录与处理

对得到的红外光谱图标出主要吸收峰的波数位置,并确认阿司匹林的红外图谱中主要吸收峰的归属。

六、思考题

1. 波长精度与波数重现性有何区别?
2. 红外分光光度计的性能指标有哪些?
3. 同一物质的液体形态和固体形态的红外光谱是否相同?

 实验十一　苯甲酸红外吸收光谱的测绘及定性鉴别

一、实验目的

1. 掌握用压片法制作固体试样晶片的方法。
2. 掌握用红外吸收光谱进行化合物的定性分析的方法。
3. 熟悉红外分光光度计的工作原理及其使用方法。

二、实验原理

在化合物分子中，具有相同化学键的基团，其基本振动频率吸收峰(简称基频峰)基本上出现在同一频率区域内。但在不同化合物分子中因所处的化学环境不同，同一类型基团的基频峰频率会发生一定的移动。掌握各种基团基频峰的频率及其位移规律，就可应用红外吸收光谱来确定有机化合物分子中存在的基团及其在分子结构中的相应位置。因此，同一化合物应有相同的红外吸收光谱图。据此应用红外吸收光谱法，采用与标准谱库核对或与标准物质同时进行分析的方法，可以进行物质的定性鉴别。

苯甲酸分子中各原子基团基频峰在 4000～650 cm^{-1} 区间的频率，见表 2-1。

表 2-1　苯甲酸的基团和频率

原子基团的基本振动形式	基频峰的频率(cm^{-1})
ν_{C-H}(Ar 上)	3077, 3012
$\nu_{C=C}$(Ar 上)	1600, 1582, 1495, 1450
δ_{C-H}(Ar 上邻接五氢)	715, 690
ν_{C-H}(形成氢键二聚体)	3000~2500(多重峰)
δ_{O-H}	935
$\nu_{C=O}$	1400
δ_{C-O-H}(面内弯曲振动)	1250

本实验采用溴化钾压片法，在相同的实验条件下，分别测绘苯甲酸对照品和样品的红外吸收光谱，比对两张图谱与上述各基团基频峰频率及其吸收强度的一致性，若相同，则可鉴定该试样为苯甲酸。

三、仪器与试剂

仪器：红外分光光度计，玛瑙乳钵，红外灯，压片模具，油压压片机(配真空泵)。
试剂：苯甲酸(优级纯)，溴化钾(光谱纯)，苯甲酸试样。

四、实验内容

1. 仪器准备

(1) 开启空调机，使室内的温度为 18~20℃，相对湿度≤65%。
(2) 打开红外仪、预热平衡，打开计算机、进入红外工作站，设置相关参数。

2. 制片

(1) 空白晶片：取预先在 110℃烘干 48 h 以上，并保存在干燥器内的溴化钾(光谱纯)约 150mg，置于洁净的玛瑙研钵中，于红外灯下研磨均匀，将磨好的粉末装入压片模具，铺匀。在抽真空状态下用油压压片机以 10~20 MPa 的压力压至 2min，小心取出透明晶片(厚度约 1~2mm)，保存于干燥器中。

(2) 对照品晶片：取溴化钾约 150 mg，加入 2~3 mg 苯甲酸(优级纯)，同 "空白晶片" 项下操作。

(3) 样品晶片：取溴化钾约 150 mg，加入 2~3 mg 苯甲酸试样，同 "空白晶片" 项下操作。

3. 测定
将以上 3 种晶片先后置于样品架上，以 "空白晶片" 为背景，分别测绘标样和试样的红外吸收光谱。

五、数据记录及处理

1. 记录实验条件。

2. 在苯甲酸对照品和样品红外吸收光谱图上，标出各特征吸收峰的波数，并确定其归属。

3. 将苯甲酸试样光谱图与其标样光谱图进行对比，若两张图谱各特征吸收峰及其吸收强度一致，则可定性鉴定该样品是苯甲酸。

六、注意事项

1. 红外分光光度计使用之前，需预热 30min。

2. 仪器参数的设计要合理，否则会影响样品的红外图谱形状。

3. 样品的研磨须在红外灯下进行，防止样品吸湿。

4. 压片时要抽真空，以除去样品粉末中的空气，以免压成的晶片减压碎裂。

5. 在整个实验过程中，要严格避免水分的干扰。如压制的晶片模糊，表示晶片中含有水分，表现在光谱图中 $3450cm^{-1}$ 和 $1640cm^{-1}$ 处出现吸收峰。

6. 压片模具用后应立即用无水乙醇揩擦，以免试样腐蚀模具。

七、思考题

1. 为什么红外光谱实验室的温度和相对湿度要维持一定的指标？

2. 研磨操作过程为什么必须在红外灯下进行？

3. 压片法制晶片应注意些什么？

 实验十二　红外分光光度法测定苯乙酮和乙酰苯胺的结构

一、实验目的

1. 掌握红外光谱分析的基本实验技术。

2. 掌握固体样品和液体样品的制样方法及红外光谱的测定方法。

3. 熟悉含苯环芳香族化合物的红外光谱特征。

二、实验原理

红外吸收光谱是由分子的振动、转动能级跃迁产生的分子吸收光谱，化合物中每个官能团都有几种振动形式，在中红外区产生相应的几个吸收峰，因而特征性强。不同物质具有不同的官能团，因而具有不同的红外光谱特征，故可利用其红外光谱进行定性鉴别和结构鉴定。

本实验以苯乙酮和乙酰苯胺为例，分别进行液体样品、固体样品的制备和红外光谱的测定、光谱解析。

三、仪器与试剂

仪器：红外分光光度计，玛瑙乳钵，红外灯，压片机，压片模具，聚苯乙烯薄膜。
试剂：光谱纯 KBr，分析纯苯乙酮，乙酰苯胺样品。

四、实验内容

1. 苯乙酮的红外光谱测定

（1）液体池法：将样品直接注入可拆式液体池或固定厚度液体池中，轻轻用螺丝固定好，放入光路进行红外扫描。

（2）溶液法：用 CCl_4 将样品配成 1%～10% 溶液，在 0.1～0.5mm 厚液体池中测定，用溶剂在参比光路中作补偿进行测定。

（3）夹片法：取两片 KBr 空白片，将适量样品液体滴在一个 KBr 片上，再盖上另一片，装入样品夹，放入光路中进行测定。

2. 乙酰苯胺的红外光谱测定

（1）称取干燥的乙酰苯胺样品 1～2mg 置于玛瑙研钵中磨细，加入干燥的 KBr（粒度在 200 目以下）粉末约 200mg，继续研磨混匀（粒度在 2μm 以内）。再将研匀的物料加到压片模具中，铺匀，装好模具，置于油压机上，先抽气约 2min 除去混在物料粉末中的水分和空气，再边抽边加压到 15～18MPa 压制 2～5min。除去真空，取下模具，得到一均匀透明的薄片（厚度不大于 0.5mm）。

（2）将制备好的乙酰苯胺样品半透明片装入样品架上置于样品窗口，进行乙酰苯胺的红外光谱扫描（以空白 KBr 片或空气作为背景）。

五、数据记录与处理

对得到的红外谱图标出主要吸收峰的波数位置，并确认苯乙酮和乙酰苯胺的红外图谱中主要吸收峰的归属。

六、思考题

1. 压片法是将试样分散在固体介质中，那么固体介质应具备哪些条件？
2. 测定红外光谱对样品有什么要求？

 实验十三　原子吸收分光光度法测定水中铜（钙、镁）的含量

一、实验目的

1. 掌握原子吸收光谱法的基本原理。

2. 熟悉用标准曲线法进行定量测定。

3. 了解原子吸收分光光度计的基本原理、性能及操作方法。

二、实验原理

稀溶液中的铜（钙、镁）离子在火焰温度（小于 3000K）下变成铜（钙、镁）原子蒸气，由光源空心阴极铜（钙、镁）灯辐射出铜（钙、镁）的特征谱线被铜（钙、镁）原子蒸气强烈吸收，其吸收的强度与铜（钙、镁）原子蒸气浓度的关系符合朗伯-比尔定律。在固定的实验条件下，铜（钙、镁）原子蒸气浓度与溶液中铜（钙、镁）离子浓度成正比，即

$$A = Kc$$

式中，A 为吸光度；K 为常数；c 为溶液中铜（钙、镁）离子的浓度。

定量方法采用标准曲线法，测定出系列对照品溶液和样品溶液的吸光度 A，以吸光度 A 为纵坐标，相应的标准溶液浓度 c 为横坐标，绘制工作曲线，或根据 c、A 值计算回归方程。由工作曲线或回归方程得出样品浓度，从而求出待测溶液中铜（钙、镁）的质量分数。

三、仪器与试剂

仪器：原子吸收分光光度计，铜（钙、镁）元素空心阴极灯，乙炔钢瓶，空气压缩机，容量瓶，移液管。

试剂：0.1g/L 铜对照品溶液，0.005g/L 镁对照品溶液，0.1 g/L 钙对照品溶液，1% HNO₃（优级纯）溶液，去离子水。

样品：饮用水。

四、实验步骤

1. 铜系列对照品溶液的配制　精密吸取 0.1g/L 铜对照品溶液 0.50ml、1.00ml、1.50ml、2.00ml、2.50ml 分别置于100ml 容量瓶中，用 1% HNO₃ 稀释至刻度，摇匀。此系列对照品溶液含铜依次为 0.50mg/L、1.00mg/L、1.50mg/L、2.00mg/L、2.50 mg/L。

2. 钙、镁系列对照品溶液的配制　精密吸取 0.1g/L 钙对照品溶液 2.00ml、4.00ml、6.00ml、8.00ml、10.00ml 分别置于100ml 容量瓶中，再依次精密吸取 0.005g/L 镁对照品溶液 2.00ml、4.00ml、6.00ml、8.00ml、10.00ml 分别加入上述对应的容量瓶中，用 1% HNO₃ 稀释至刻度，摇匀。此系列对照品溶液含钙依次为 2.00mg/L、4.00mg/L、6.00mg/L、8.00mg/L、10.00mg/L；含镁依次为 0.10mg/L、0.20mg/L、0.30mg/L、0.40mg/L、0.500mg/L。

3. 仪器工作条件的选择　按变动一个因素，固定其他因素来选择仪器最佳工作条件的方法，确定实验的最佳工作条件，如表 2-2 所示。

表 2-2　原子吸收分光光度计最佳工作条件

	铜元素	钙元素	镁元素
空心阴极灯工作电流（mA）	5	5	5
分析线波长（nm）	325	422.7	422.7
燃烧器高度（mm）	6	9	9
狭缝宽度（mm）	0.2	0.5	0.5

4. 系列对照品溶液的测定　在工作条件下，由低浓度到高浓度依次测定各对照品溶液的吸光度 A。

5. 样品溶液的测定　精密吸取水样适量（饮用水：测定钙取 10.00ml、测定镁取 2.00ml），置 100ml 容量瓶中（测定铜直接取水样，无需稀释），用 1% HNO_3 稀释至刻度，摇匀，在相同条件下测定其吸光度 A。

五、数据记录及处理

1. 绘制 A-c 标准曲线，计算回归方程及相关系数 r。
2. 根据回归方程计算样品溶液中被测元素的浓度。

	标 1	标 2	标 3	标 4	标 5	样品
A						—
$c_标$（g/L）						
回归方程				相关系数 r		
$c_样$（g/L）						

六、注意事项

1. 注意乙炔流量和压力的稳定性。

2. 乙炔为易燃、易爆气体，应严格按操作步骤进行使用，先通空气，后供给乙炔气体；结束或暂停实验时，要先关乙炔气体，再关闭空气，避免回火。

3. 原子吸收分光光度法常用于微量元素的测定，要注意防止环境、容器、试剂及试样等带来的污染，以保证测定的灵敏度和准确度。

七、思考题

1. 原子吸收分光光度计测定不同元素时，对光源有何要求？
2. 本实验的主要干扰因素及其消除措施有哪些？

 ## 实验十四　肝素钠中杂质钾盐的限量测定

一、实验目的

1. 熟悉用原子吸收分光光度计进行杂质检查的方法。
2. 熟悉原子吸收分光光度计的操作方法。

二、实验原理

药物中可能存在的杂质允许有一定的限量,通常不要求测定其准确含量,只进行限量检查,即检查药物中某项杂质是否超过其限量规定。用原子吸收分光光度法进行杂质限量检查时,可取一定量被检杂质的标准溶液与一定量供试品,在相同条件下进行处理和测定,通过比较对照溶液与供试品溶液的吸光度,以确定杂质含量是否超过限量。由于原子吸收分光光度法对钾具有较高的检测灵敏度,所以本实验采用该法进行肝素钠中杂质钾盐的检查。

三、仪器与试剂

仪器:原子吸收分光光度计,空气压缩机,乙炔钢瓶,容量瓶(50ml、100ml),吸量管,烧杯等。

试剂:肝素钠试样,KCl(AR)。

四、实验步骤

1. KCl 标准溶液的配制　精密称取在 150℃ 干燥 1h 的分析纯氯化钾 191mg,置于 1000ml 的容量瓶中,加水溶解并稀释至刻度,摇匀。

2. 仪器工作条件　钾空心阴极灯工作电流:10mA;狭缝宽度:0.7nm;波长:766.5nm;燃烧器高度:仪器自动调节;乙炔气流量:2.2L/min。

3. 试样中杂质的测定　取肝素钠试样 0.10g,置 100ml 容量瓶中,加水溶解并稀释至刻度,摇匀,作为供试品溶液(B)。另量取标准 KCl 溶液 5.0ml 置 50ml 容量瓶中,加(B)溶液稀释至刻度,摇匀,作为对照溶液(A)。在 766.5nm 波长处测定,对照溶液的测得值为 a,在相同测定条件下供试品溶液(B)的测得值为 b,《中国药典》规定 b 值应小于 $(a-b)$。

五、注意事项

1. 原子吸收分光光度法是一种极其灵敏的分析方法,所使用的试剂纯度应符合要求,玻璃器皿应严格洗涤并用重蒸馏的去离子水充分冲洗,保证洁净。

2. 每测定一份溶液后,均用去离子水喷入火焰,充分冲洗灯头并调零。

3. 采用此法进行检查时,应严格遵循"平行原则",即标准溶液与供试品溶液应在完全相同的条件下进行测定,只有在平行操作条件下比较测定结果,才能得出正确结论。

4. 若检查合格,仅说明供试品溶液中钾盐含量在质量标准的允许范围内,并不说明供试品中不含该项杂质。

六、思考题

1. 本实验中杂质钾盐的限量是多少?

2. 原子吸收分光光度计与紫外-可见分光光度计中的单色器的作用有何不同?

实验十五　感冒冲剂中铜的含量测定

一、实验目的

1. 学习原子吸收光谱法的基本原理。
2. 了解原子吸收光谱仪的使用方法。
3. 掌握以标准曲线法测定感冒冲剂中的铜元素的方法。

二、实验原理

二价铜离子在乙炔焰中被原子化,铜离子对特定波长光的吸光度与溶液中铜离子的浓度成正比。根据测量的吸光度值,用标准曲线法或标准加入法测定样品中铜元素的含量。

三、仪器与试剂

仪器:原子吸收分光光度计(铜元素空心阴极灯、波长 324.8nm、灯电流 3mA、火焰为乙炔-空气),容量瓶,吸量管,烧杯。

试剂:标准铜储备液(1mg/ml),准确称取 0.5000g 金属铜于 100ml 烧杯中,盖上表面皿,加入 1ml 浓硝酸溶液溶解,然后把溶液转移到 500ml 容量瓶中,用 1%硝酸稀释到刻度,摇匀备用;铜标准液(20μg/ml),准确吸取 2ml 上述标准铜储备液于 100ml 容量瓶中,用 1%硝酸稀释到刻度,摇匀备用;硝酸:浓度 1%~2%。

四、实验内容

1. 标准曲线的绘制　取 5 个 10ml 的容量瓶,分别加入浓度为 20μg/ml 的铜标准溶液 0.10ml、0.20ml、0.40ml、0.60ml、0.80ml,用 1% HNO_3 稀释至刻度,同时做试剂空白,测定各标准溶液的 A 值,绘制 A~c 标准曲线。

2. 含量测定　用试样溶液(0.5~2ml)按上述仪器工作条件分别测定 A 值,并同时做试剂空白,由标准曲线上查得其浓度并计算百分含量。

3. 数据处理　从标准曲线上,查出待测试样的浓度 c 值,单位:mg。

$$Cu\% = (c \cdot V/m) \times 100\%$$

式中,V 为待测试样溶液体积(ml);m 为称取的试样重量(mg)。

也可用线性方程法计算试样中铜离子的含量。

五、注意事项

1. 注意乙炔流量和压力的稳定性。
2. 乙炔为易燃、易爆气体,应严格按操作步骤进行,先通空气,后供给乙炔气体;结束或暂停实验时，要先关闭乙炔气体，再关闭空气，避免回火。

六、思考题

1. 本实验的主要干扰因素及其消除措施有哪些?
2. 标准溶液及样品溶液的酸度对吸光度有什么影响?

 实验十六　综合性实验——荧光分光光度计的性能检查及利血平片剂中利血平的含量测定

一、实验目的

1. 掌握荧光分光光度法的基本原理和定量分析方法。
2. 熟悉荧光分光光度计的构造和使用方法。

二、实验原理

利血平本身具有弱荧光，经五氧化二钒氧化后形成强荧光物质。在低浓度时，溶液的荧光强度与溶液中荧光物质的浓度呈线性关系。因此，选择荧光峰值波长为测量波长，测量利血平溶液氧化后的荧光强度，可对利血平进行定量分析。

本实验采用对比法来测定利血平的含量。

$$\frac{F_x - F_0}{F_s - F_0} = \frac{c_x}{c_s}$$

F_x：样品溶液荧光强度；F_s：标准品溶液荧光强度；F_0：空白溶液荧光强度；c_x：样品溶液浓度；c_s：标准品溶液浓度

三、仪器与试剂

仪器：荧光分光光度计，石英荧光池，100ml 容量瓶 2 个，2.0ml、5.0ml 吸量管各 1 支。

试剂：利血平对照品溶液，三氯甲烷，乙醇，五氧化二钒试液，利血平供试品溶液。

四、实验内容

1. 溶液的配制

（1）对照品溶液：精密称取利血平对照品 10mg，置 100ml 棕色容量瓶中，加三氯甲烷 10ml 溶解后，再用乙醇稀释至刻度，摇匀；精密量取 2ml，置 100ml 棕色容量瓶中，用乙醇稀释至刻度，摇匀，作为对照品溶液。

（2）利血平供试品溶液：取本品 20 片，如为糖衣片应除去包衣，精密称定，研细，精密称取适量（约相当于利血平 0.5mg），置 100ml 棕色容量瓶中，加热水 10ml，三氯甲烷 10ml，振摇，用乙醇定量稀释至刻度，摇匀，过滤，精密量取滤液，用乙醇定量稀释成每 1ml 约含利血平 2μg 的溶液，作为供试品溶液。

（3）精密量取对照品溶液与供试品溶液各 5ml，分别置具塞试管中，加五氧化二钒试液 2.0ml，剧烈振摇后，在 30℃放置 1h。

2. 测定

（1）激发光谱和荧光发射光谱的绘制：将利血平对照品溶液装入石英荧光池中，任意确定一个激发波长（如 400nm），在 400～600nm 区间扫描荧光光谱，确定最大发射波长（λ_{em}=500nm）；再固定 λ_{em}=500nm，在 300～500nm 扫描荧光激发光谱，确定最大激发波长（λ_{ex}=400nm）。

（2）测定：将反应后的利血平对照品溶液和供试品溶液分别置 1cm 石英荧光池中，在上述波长下测定各自荧光强度值，并以溶剂为空白，置于样品架中测量 F_0。

五、数据记录与处理

将对照品溶液、空白溶液和供试品溶液的荧光强度值填入实验记录表，用对比法计算利血平样品溶液中利血平的浓度。

试样溶液	空白溶液	对照品溶液	供试品溶液
荧光强度 F			

根据测得结果和样品的稀释倍数，再计算利血平片中利血平的含量（mg/片）。

六、注意事项

荧光测定时用的石英荧光池四面均为光面，拿取时要注意。

七、实验提示

要按照标准操作规程操作仪器。

八、思考题

1. 能产生荧光的物质在结构上有什么特点？
2. 为什么对比法测定时要减去空白溶液的吸收？

实验十七　荧光分光光度法测定硫酸奎宁的含量

一、实验目的

1. 熟悉荧光分光光度计的使用。
2. 了解激发光谱和发射光谱的绘制方法。

二、实验原理

奎宁具有喹啉环结构，能产生较强荧光。故可在荧光分光光度计上描绘其激发光谱与发射光谱。将激发荧光的光源用单色器使其分光后，测定每一波长激发光所发射的荧光，以 F-λ_{max} 作图，得到荧光物质的激发光谱，并可找出其最大激发波长（$\lambda_{max \cdot ex}$）。若使激发光的波长及强度保持不变，将物质发生的荧光通过单色器色散，然后以荧光强度对其相应的发射波长（λ_{em}）作图，可得到该物质的发射光谱及最大发射波长（$\lambda_{max \cdot em}$）。

三、仪器与试剂

仪器：荧光分光光度计，25ml 容量瓶，1ml 移液管。
试剂：硫酸奎宁贮备液（0.1g/100ml），0.05mol/L H_2SO_4 溶液。

四、实验内容

1. **标准溶液的配制**　精密吸取硫酸奎宁贮备液 0.1ml 置 25ml 容量瓶中，用 H_2SO_4（0.05mol/L）溶液稀释至刻度，摇匀。
2. **激发光谱的绘制**　将硫酸奎宁标准液放入吸收池中，固定发射波长于450nm 处，选择宽狭缝，将自动扫描开关置激发光扫描挡，拉开光门，描绘 400～250nm 内的激发光谱，并找出最大激发波长（$\lambda_{max \cdot ex}$）。
3. **荧光光谱的绘制**　固定激发波长于最大激发波长处，选择宽狭缝，将荧光波长置于500nm 左右。选择窄狭缝，将自动扫描开关置发射光扫描挡，拉开光门，描绘 500～250 nm 内的荧光光谱，找出最大发射波长（$\lambda_{max \cdot em}$）。

五、思考题

简述狭缝的选择对本实验的影响。

实验十八　荧光分光光度法测定盐酸土霉素的含量

一、实验目的

1. 掌握荧光分析法的工作曲线的定量分析方法。
2. 巩固荧光分光光度计的操作。

二、实验原理

土霉素属于四环素类结构,分子结构上有 2 个共轭双键系统,能被紫外光激发而产生荧光,其碱性降解产物（C 环成内酯结构的异构体）也具有荧光,可作鉴别,亦可作为含量测定。

$$
\text{土霉素结构式}
$$

土霉素在碱性溶液中加热分解所生成的荧光物质,其荧光在 15～23℃稳定,温度升高则荧光强度减退。土霉素浓度在 1～9μg/ml 时,其荧光强度与浓度成正比。

三、仪器与试剂

仪器：荧光分光光度计。

试剂：盐酸土霉素（对照品）,盐酸土霉素片,氢氧化钠（AR）。

0.1mol/L NaOH 溶液的配制：称取 4.2g 氢氧化钠,加蒸馏水溶解使成 1000ml。

四、实验内容

（一）溶液制备

1. **对照品溶液**　取盐酸土霉素对照品 10mg,精密称定,置 100ml 容量瓶中,用蒸馏水溶解并稀释至刻度；精密量取该溶液 1ml 于 100ml 容量瓶中,加蒸馏水至刻度；精密量取该溶液 1ml、2ml、3ml、4ml、5ml 分别置于 10ml 具塞刻度试管中,各加 0.1mol/L NaOH 溶液 3ml,加蒸馏水至 10ml,于沸水中放置 6min,冷至室温,待测。同时做试剂空白溶液。

2. **供试品溶液**　取盐酸土霉素片 10 片,精密称定,去皮,研细；取细粉适量（含盐酸土霉素约 10mg）,精密称定,置 100ml 容量瓶中,用蒸馏水溶解并稀释至刻度,摇匀,过滤,精密量取续滤液 1ml 于 100ml 容量瓶中,加蒸馏水至刻度,精密量取 3ml 于 10ml 具塞刻度试管中,加 0.1mol/L NaOH 溶液 3ml,加蒸馏水至 10ml,于沸水中放置 6min,冷至室温,待测。

（二）荧光强度测定

1. 开机 按仪器操作规程开机、预热、设置测定条件。

2. 标准曲线 以 336nm 为激发波长，分别依次测定标准溶液在荧光波长 410nm 处的荧光强度（F），以 F 为纵坐标，浓度 c 为横坐标，计算回归方程，绘制标准曲线。

3. 盐酸土霉素含量 以 336nm 为激发波长，测定供试品溶液在荧光波长 410nm 处的荧光强度（F），由回归方程计算溶液中盐酸土霉素的浓度。

（三）仪器复原

测定完毕，关机、清洁、仪器复原，登记仪器使用记录。

五、数据记录及处理

$m_{样}=$＿＿＿＿＿＿

$c_{标}=$＿＿＿＿（g/100ml）

浓度					
荧光强度（F）					

要求：

（1）计算回归方程和相关系数（r）。

（2）用标准曲线法计算供试品溶液中盐酸土霉素的浓度。

（3）计算片剂中盐酸土霉素的百分含量。

六、注意事项

认真预习仪器使用方法及使用注意事项。

七、思考题

试以标准曲线的中浓度对照品溶液为对照，采用比例法，计算盐酸土霉素的含量。

实验十九　综合性实验——硅胶薄层板的制备、吸附剂的活度测定及丹参注射液的定性鉴别

第一部分　硅胶薄层板的制备

一、实验目的

掌握薄层板的制备方法。

二、制备方法

```
1份硅胶G + 2.5~3倍量0.5%CMC-Na水溶液 ──研磨10min──→ 匀浆 ──铺制──→
```
```
湿板 ──平放──→ 室温阴干(小于25℃) ──105℃ 1h──→ 活化板 ──→ 置干燥器中
```

三、注意事项

1. 薄层载板需洗净晾干。
2. 铺板时硅胶薄层应厚薄适宜，均匀无气泡。
3. 薄层板在活化前应阴干，活化温度为 105～110℃，并逐渐升温，以免薄层板开裂。

第二部分　柱色谱法测定氧化铝活度

一、实验目的

1. 掌握氧化铝吸附色谱柱的制备和操作方法。
2. 熟悉用柱色谱测定氧化铝活度的方法。
3. 了解吸附剂的含水量对定性分析的影响。

二、实验原理

吸附剂颗粒的表面或其多孔结构的表面有吸附其他物质的能力，其吸附能力与含水量有关。吸附剂的含水量越高，其吸附其他物质的能力就越弱。

氧化铝是常用的固定相吸附剂，它对物质的吸附能力与被吸附的物质结构有关。被吸附的物质极性越小，氧化铝对其吸附能力越小，用柱色谱进行分离，物质就越容易流出。

1. 氧化铝的活度等级测定　常用 Brockmann 法，即观察对多种染料的吸附情况来衡量其活度。所用染料的吸附性排列顺序为：偶氮苯（1 号）<对甲氧基偶氮苯（2 号）<苏丹黄（3 号）<苏丹红（4 号）<对氨基偶氮苯（5 号）<对羟基偶氮苯（6 号），见表 2-3。

表 2-3　染料名称、结构与颜色

编号	名称	结构	颜色
1	偶氮苯	〈苯〉—N=N—〈苯〉	淡黄色
2	对甲氧基偶氮苯	〈苯〉—N=N—〈苯〉—OCH$_3$	淡黄色
3	苏丹黄	〈苯〉—N=N—〈萘-HO〉	橙色

编号	名称	结构	颜色
4	苏丹红		紫红色
5	对氨基偶氮苯		黄色
6	对羟基偶氮苯		黄色

2. 氧化铝的活度与含水量有关 含水量越高，吸附性能越小，柱上保留的物质就越少，流出液中的物质就越多，活性越弱，活度级别越高。根据以上染料的吸附情况，可将氧化铝的活度分为五级（表2-4）。

表2-4 氧化铝活度的柱色谱定级法

染料位置	I	II	III	IV	V
柱上层	2	3	4	5	6
柱下层	1	2	3	4	5
流出液	–	1	2	3	4

三、仪器与试剂

仪器：色谱柱空管（Φ1.5cm×10cm），带橡皮套的玻璃棒，小漏斗，量筒，精制棉，胶头滴管，烧杯。

试剂：氧化铝（柱色谱用），偶氮苯（AR），对甲氧基偶氮苯（AR），苏丹黄（AR），苏丹红（AR），对氨基偶氮苯（AR），对羟基偶氮苯（AR），苯（AR），石油醚（AR）。

六种染料溶液：取偶氮苯、对甲氧基偶氮苯、苏丹黄、苏丹红、对氨基偶氮苯、对羟基偶氮苯各20mg，分别溶于10ml纯的无水苯中，加入适量石油醚至50ml。

洗脱剂/展开剂：苯-石油醚（1：4）。

四、实验内容

1. 色谱柱的制备 取一支洁净的色谱柱空管，于管底垫一层精制棉，打开活塞，将其垂直夹在滴定台上。称取待测活度的氧化铝粉末6g，将其通过小漏斗注入色谱柱管内（氧化铝高度约为6cm）。关闭活塞，用一根带橡皮套的玻璃棒轻轻地均匀敲打至氧化铝的高度约5cm，并使氧化铝表面水平平整、填装紧密。

2. 氧化铝活度的测定 打开活塞，用胶头滴管将1ml预先混合的染料溶液沿色谱柱内壁旋转缓慢加入色谱柱内。取一只洁净的小烧杯放置于色谱柱下方，待染料溶液全部吸附在色谱柱上后，立即以20ml干燥的洗脱液（苯：石油醚=1：4）淋洗色谱柱，控制流速为20~30滴/分。

观察并记录流出液的颜色和色谱柱上的颜色及位置，判断氧化铝的活度级别。

五、数据记录与处理

位　　置	颜　　色	染　　料
柱上层		
柱下层		
流出液		

结论：氧化铝的活度级别为_____级。

六、注意事项

1. 所用仪器、试剂及操作过程必须无水。

2. 精制棉用量要少，要平整，不要塞得太紧，以免流速过慢。

3. 色谱柱填装均匀、致密、无气泡，表面应水平，样品或洗脱液加入时要小心，勿使固定相表面受到搅动。

4. 倒入染料时，注意先把活塞打开，以利于排除空气。

5. 为了便于观察现象，可以事先将多余的洗脱液倒掉，待染料快要流出时，再收集。

七、思考题

1. 根据染料的结构，说明其极性递增的顺序？

2. 吸附剂的活度与色谱分离效果的关系如何？

3. 为什么所用仪器、试剂及整个操作过程必须干燥？

第三部分　丹参注射液的定性鉴别

一、实验目的

1. 掌握薄层板的制备方法。

2. 熟悉薄层色谱法的基本操作。

3. 了解中药有效成分的薄层分离鉴定方法。

二、实验原理

丹参注射液是由单味药材丹参经提取除杂，精制加工而制得的一种溶液。原儿茶醛是丹参的有效成分之一，可将原儿茶醛对照品溶液与供试品溶液点在同一硅胶薄层板上，以苯-乙酸乙酯-甲酸（8∶5∶1）为展开剂展开，测定比移（R_f）值，利用 R_f 值与色谱斑点颜色的一致性进行定性鉴别。

三、仪器与试剂

仪器：色谱（层析）缸，微量点样器或点样毛细管，硅胶（硬）板。
试剂：硅胶 H，1% CMC-Na 水溶液，苯，乙酸乙酯，甲酸。
展开剂：苯-乙酸乙酯-甲酸（8∶5∶1）。
供试品溶液：丹参注射液。
显色剂：铁氰化铁试剂（1%三氯化铁与 1%铁氰化钾，临用时等体积混合）。

四、实验内容

1. **制板**　取硅胶 H 8g，加 1%CMC-Na 水溶液 24ml，研磨均匀，铺 0.5mm 厚板 2 块，烘干。
2. **点样、饱和与展开**　取硅胶板一块，在距板一端 2cm 处用铅笔轻轻划一直线作为起始线，在起始线上分别点上丹参注射液适量和原儿茶醛对照品溶液一定量，取展开剂[苯∶乙酸乙酯∶甲酸（8∶5∶1）]10ml 加入双槽色谱缸内的一槽中，点好样品的薄层板置于另一槽中，盖好盖子，饱和 15min 后，展开，取出，立即用铅笔标出溶剂前沿。
3. **色谱斑点的检出与 R_f 值的测量**　待展开后的薄层板上的溶剂挥干后，喷雾显色剂适量，显色，测量 R_f 值（图 2-3）。

五、数据记录与处理

实验结果：$R_{f供}$=_____　$R_{f对}$=_____　且斑点颜色一致。
结论：供试品色谱中，在与对照品色谱相同位置上显相同颜色的色谱斑点，则该注射液中含有丹参这味药材，即该注射液为丹参注射液。

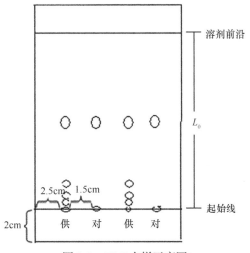

图 2-3　TLC 点样示意图

六、定性鉴别结果与结构

	丹参注射液	原儿茶酚对照品
L（cm）		
R_f		
结论		

$L_0=$ _____ cm

七、注意事项

展开时点样点不能浸入展开剂中。

 实验二十　柱色谱法分离、纯化中药黄连中的生物碱

一、实验目的

1. 掌握吸附柱色谱制备、洗脱、分离、纯化的一般操作步骤。
2. 熟悉柱色谱法在中药分析中的应用。

二、实验原理

常规柱色谱法主要用于混合物的分离与纯化。中药黄连中的活性成分之一是小檗碱类生物碱，常以小檗碱为对照品，用紫外可见分光光度法测定黄连总碱的含量。由于黄连提取液中存在黄酮等成分会干扰测定，所以通常在测定之前先利用柱色谱法纯化提取液，收集洗脱液并稀释至刻度。

本实验以中性氧化铝为吸附剂，95%乙醇为洗脱液，用 10ml 容量瓶收集流出液并稀释至刻度线，得到纯化后的黄连供试品溶液。

三、仪器与试剂

仪器：色谱柱空管（Φ1.5cm×13cm），带橡皮套的玻璃棒，量筒，索氏提取器，容量瓶，精制棉，小漏斗。

试剂：中性氧化铝（150～200 目），乙醇（AR）。

样品：黄连药材。

四、实验步骤

1. 色谱柱的制备　取一支洁净的色谱柱空管，于管底垫一层精制棉，打开活塞，将其垂

直夹在滴定台上。称取待测活度的氧化铝粉末 6g，将其通过小漏斗注入色谱柱管内（氧化铝高度约为 6cm）。关闭活塞，用一根带橡皮套的玻璃棒轻轻地均匀敲打至氧化铝的高度约为 5cm，并使氧化铝表面水平平整、填装紧密。

2. 供试品溶液的制备　取黄连 0.5g，研成细粉，精密称取 0.3g，置 60ml 索氏提取器中。加乙醇连续回流提取生物碱至无色。将提取液浓缩至 20ml，定量转移至 25ml 容量瓶中，用乙醇稀释至刻度，即可。

3. 黄连生物碱的纯化　精密量取样品液 1ml 通过氧化铝色谱柱，用乙醇洗脱直至完全，收集洗脱液于 10ml 容量瓶中，加乙醇至刻度。

五、注意事项

1. 色谱柱法要注意无水操作。
2. 精制棉用量要少，要平整，但不要塞得太紧，以免流速过慢。
3. 色谱柱填装均匀、致密、无气泡，表面应水平，样品或洗脱液加入要小心，勿使固定相表面受到搅动。
4. 在色谱柱活塞打开的情况下加入样品，以利于排除空气。

六、思考题

1. 吸附柱色谱法洗脱化合物成分的顺序为何种顺序？
2. 选择固定相和流动相的依据是什么？

 实验二十一　柱色谱法分离菠菜中的植物色素

一、实验目的

1. 掌握柱色谱法分离混合物的原理及实验技术。
2. 了解从植物中分离天然化合物的方法。

二、实验原理

植物叶子中通常含有多种色素，总的可以归为叶绿素类和胡萝卜素类。菠菜叶子中主要含有叶绿素 a、叶绿素 b 和 β-胡萝卜素（结构式如图 2-4 所示），能用石油醚和丙酮的混合液提取。β-胡萝卜素的极性较叶绿素的极性小，提取的混合物上硅胶柱后，用石油醚可将 β-胡萝卜素洗脱出来，但叶绿素不能被洗脱，加入石油醚-丙酮（7：3）的混合液能将叶绿素洗脱出来，从而实现两者的分离。本实验中由于叶绿素 a 和叶绿素 b 的性质较为接近，因而不能被完全分离。

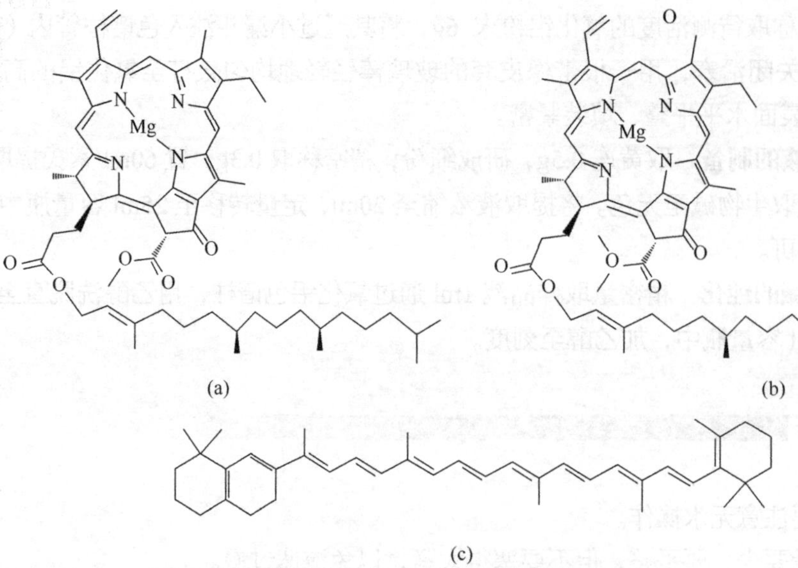

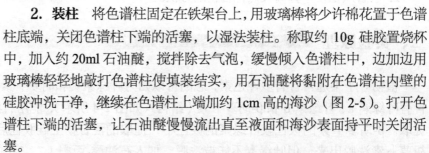

（a）叶绿素 a；（b）叶绿素 b；（c）β-胡萝卜素

图 2-4　菠菜叶子中的色素

三、仪器与试剂

仪器：铁架台，铁架，具活塞的玻璃色谱柱（ϕ1.4cm×20cm），长滴管，量筒，烧杯，锥形瓶，玻璃棒，研钵和研棒。

试剂：柱色谱用硅胶（200～300 目），海沙，石油醚（60～90℃），丙酮（AR），CaCO$_3$，无水 Na$_2$SO$_4$，新鲜菠菜叶。

四、实验步骤

1．萃取物的准备　取 10～15g 新鲜菠菜叶，撕成小碎片，置研钵中，加入约 50ml 萃取液（石油醚∶丙酮=80∶20）及 2～3g CaCO$_3$，研磨至溶液成深绿色，倾出萃取液至锥形瓶中，加入约 5g 无水 Na$_2$SO$_4$ 使之脱水，15min 后小心地将萃取液倒入干燥的锥形瓶中备用。

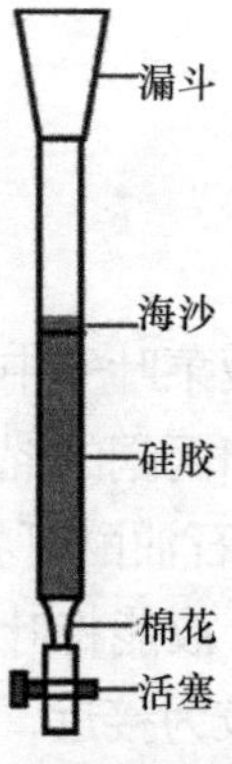

2．装柱　将色谱柱固定在铁架台上，用玻璃棒将少许棉花置于色谱柱底端，关闭色谱柱下端的活塞，以湿法装柱。称取约 10g 硅胶置烧杯中，加入约 20ml 石油醚，搅拌除去气泡，缓慢倾入色谱柱中，边加边用玻璃棒轻轻地敲打色谱柱使填装结实，用石油醚将黏附在色谱柱内壁的硅胶冲洗干净，继续在色谱柱上端加约 1cm 高的海沙（图 2-5）。打开色谱柱下端的活塞，让石油醚慢慢流出直至液面和海沙表面持平时关闭活塞。

3．上样　用一根长滴管，吸取 2ml 色素混合液直接加到海沙上。打开色谱柱下端的活塞，让液面自由下降到与硅胶面相平，关闭活塞。加入少量石油醚洗涤吸附在海沙上的色素，再次打开活塞，让液面下降到与硅胶面相平后关上活

图 2-5　柱色谱示意图

漏斗

海沙

硅胶

棉花

活塞

塞。反复几次直至残留在海沙层的色素全部被洗至硅胶层。

4. **洗脱** 上样后，继续添加石油醚至色谱柱的上端。打开活塞让洗脱剂滴下。橘黄色的β-胡萝卜素先被洗脱，将其收集于锥形瓶中。当β-胡萝卜素被完全洗脱后，先将石油醚的液面下降到与硅胶面相平，再以石油醚-丙酮（7∶3）的混合液进行洗脱。将绿色色带的洗脱液收集于另一锥形瓶中，得到叶绿素 a 和叶绿素 b 的混合物。

五、数据记录与处理

比较石油醚洗脱物与石油醚-丙酮（7∶3）混合液洗脱物颜色的区别，判断两类色素是否被分离。

六、注意事项

1. 洗脱过程中洗脱剂的液面始终不能低于硅胶面，否则会导致硅胶干裂，样品将顺裂缝流下，而不会在两相中分配从而达到分离目的。

2. 注意硅胶和海沙的表面必须平整，同时在加样时必须小心，不能破坏色谱柱上端的平整性。

七、思考题

1. 在色谱柱的上端添加海沙的目的是什么？
2. 如何提高叶绿素 a 和叶绿素 b 的分离度？

 实验二十二　薄层色谱法测定氧化铝的活度

一、实验目的

1. 掌握薄层软板的制备方法。
2. 掌握用薄层色谱法测定氧化铝活度的方法。
3. 熟悉薄层色谱的一般操作方法。

二、实验原理

氧化铝的活度等级测定常用 Brockmann 法，即通过测定其对多种偶氮染料的吸附情况来衡量其活度。所用染料的吸附性递增排列顺序为：偶氮苯<对甲氧基偶氮苯<苏丹黄<苏丹红<对氨基偶氮苯<对羟基偶氮苯。

根据上述染料在氧化铝软板上的 R_f 值，可将氧化铝的活度分为五级，R_f 值越大，即吸附能力越小，活度级别越大(表 2-5)。

表 2-5 　氧化铝活度的薄层定级法

偶氮染料	不同活度级别下的 R_f 值			
	II	III	IV	V
偶氮苯	0.59	0.74	0.85	0.95
对甲氧基偶氮苯	0.16	0.49	0.69	0.89
苏丹黄	0.01	0.25	0.57	0.78
苏丹红	0.00	0.10	0.33	0.56
对氨基偶氮苯	0.00	0.03	0.08	0.19

$$R_f = \frac{起点至展开斑点中心的距离}{起点到展开剂前沿的距离}$$

三、仪器与试剂

仪器：层析缸，玻璃板（12cm×10cm），毛细管点样器。
试剂：四氯化碳。

四、实验内容

1. 染料溶液的配制　称取偶氮苯 30mg，对甲氧基偶氮苯、苏丹黄、苏丹红及对氨基偶氮苯各 20mg，加四氯化碳（经氢氧化钠干燥后重新蒸馏）溶解稀释至 50ml，摇匀。

2. 氧化铝软板的制备（干法铺板）　称取待测氧化铝 15g，散在洁净、干燥的玻璃板一端，另取比玻璃板宽度稍长的玻璃棒，在两端各绕 3 圈橡皮胶皮，作为涂铺时的固定边缘，防止调动时边缘不整齐,其两端胶布之间的距离即为薄层的宽度,其胶布的厚度即为薄层的厚度。将玻璃棒压在玻璃板上，双手均匀用力，推挤氧化铝至玻璃板的另一端，使成一均匀平坦的薄层。

3. 点样、展开　取氧化铝薄层板一块，将其距一端 2cm 处作为起始线。取毛细管点样器一根，点加染料混合液于起始线中点。在展开缸内放入 10ml 展开剂，预饱和 15min 后放入点好样的薄层板，使其展开。待展开剂前沿距离起始线约 15cm 时取出。观察各染料的位置和颜色，测定比移值，根据表 2-5 确定氧化铝的活度。

五、数据记录与处理

$L_0=$ ＿＿＿＿ cm

	偶氮苯	对甲氧基偶氮苯	苏丹黄	苏丹红
颜色				
L（cm）				
R_f				

氧化铝的活度级别为＿＿＿＿级。

六、注意事项

1. 铺板时，推移不宜太快，也不能中途停顿，否则薄层厚度不均匀。
2. 在氧化铝薄层板上点样时，注意不要太用力，以防止染料混合液中吸入氧化铝。

七、思考题

根据偶氮苯染料的结构，解释不同氧化铝活度下 R_f 值的顺序。

 ## 实验二十三 薄层色谱法分离及鉴别药物组分

一、实验目的

1. 掌握薄层板的制备方法。
2. 掌握 R_f 值及分离度的计算方法。
3. 了解薄层色谱法在复方制剂分离、鉴别中的应用。

二、实验原理

薄层色谱法是指将吸附剂或载体均匀的涂布于玻璃板等平板上形成薄层，根据同一成分在相同的色谱条件下应有相同的色谱行为，在一定的色谱条件下，采用对照法，若待测品与对照品在相同的位置有相同颜色的斑点可鉴别为同一成分。依此对药物进行定性鉴别、杂质检查及含量测定。

通常将对照品、样品溶液分别点在同一块薄层板上，选择合适的展开剂，利用吸附剂对溶液中不同组分具有不同的吸附能力、展开剂对不同组分具有不同的解吸能力而分离。将组分分离后的薄层板在日光或紫外分析仪下检视，根据对照品斑点的位置和 R_f 值，对样品中的各斑点进行定性鉴别，并可以计算样品溶液中相邻两斑点的分离度 R_s（图 2-6）。

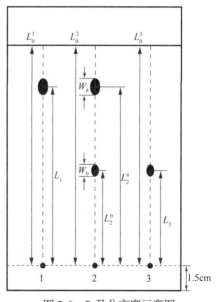

图 2-6 R_f 及分离度示意图

1. **比移值** $\quad R_f = \dfrac{\text{原点至斑点中心的距离}(L)}{\text{原点至溶剂前沿的距离}(L_0)}$

2. **分离度** $\quad R_s = \dfrac{2(L_2^a - L_2^b)}{W_a + W_b}$

式中，L_1 和 L_2 分别为两组分原点至斑点中心的距离；W_a 和 W_b 分别为两组分斑点的纵向直径。

R_s=1.0 时，相邻两组分斑点基本分开。

硅胶 GF$_{254nm}$ 是薄层分析法常用的吸附剂，通过样品展开后形成的荧光斑点或暗斑进行分析。

复方磺胺甲噁唑为复方制剂，含磺胺甲噁唑（SMZ）和甲氧苄啶（TMP）。在硅胶 GF$_{254nm}$ 薄层板上，经适宜展开剂展开后，在 254nm 下检视是否有荧光暗斑，实现鉴别。

三黄片由大黄、黄芩浸膏和盐酸小檗碱组成，是一种具有清热泻火、消炎利便功效的常用中成药。采用盐酸小檗碱和黄芩苷为对照品，在硅胶 GF$_{254nm}$ 薄层板上，经适宜展开剂展开后，在 254nm 下检视是否有荧光暗斑，从而进行鉴别。

三、仪器与试剂

仪器：紫外分析仪，双槽展开缸，微量点样器（或毛细管），玻璃板，乳钵，牛角匙。

试剂：硅胶 GF$_{254}$（薄层层析用），0.5%～0.7%（g/ml）羟甲基纤维素钠（CMC-Na）水溶液。

四、实验内容

1. SMZ，TMP 对照品溶液的制备 分别称取磺胺甲噁唑 0.2g、甲氧苄啶 40mg，各加甲醇 10ml 溶解。

2. 盐酸小檗碱、黄芩苷对照品溶液的制备 分别取盐酸小檗碱 0.02g、黄芩苷 0.1g，各加甲醇 100ml 溶解。

3. 复方磺胺甲噁唑样品溶液的制备 称取本品细粉适量（约相当于磺胺甲噁唑 0.2g），加甲醇 10ml，超声 15min，过滤，取滤液。

4. 三黄片样品溶液的制备 取本品 5 片，除去包衣，研细，取 0.25g 加甲醇 5ml，超声处理 5min，过滤，取滤液。

5. 复方磺胺甲噁鉴别展开剂的配制 三氯甲烷-甲醇-二甲基甲酰胺（20：20：1）。

6. 三黄片鉴别展开剂的配制 乙酸乙酯-丁酮-甲酸-水（10：7：1：1）。

7. 黏合薄层板的铺制 称取 CMC-Na 5～7g，置于 100ml 水中，加热使其溶解，混匀，放置一周待澄清后备用。称取硅胶 GF$_{254}$ 7g 置乳钵中，加入 CMC-Na 上清液 20ml，待充分研磨均匀后，将糊状的吸附剂平铺在干燥洁净的玻璃板（10cm×20cm）上。由于糊状物具有一定的流动性，可两侧颠动玻璃板，使其均匀地流布于整块玻璃板上而获得均匀的薄层板。将其平放晾干，再在 105～110℃下活化 1h，储于干燥器中备用。

8. 点样、展开 在距薄层板底边 1.5cm 处用铅笔轻轻划一起始线，用微量点样器分别点 SMZ、TMP（或盐酸小檗碱、黄芩苷）对照品溶液及相应供试品溶液各 5μl，斑点直径不超过 3mm。待溶剂挥发后，将薄层板点有样品的一端浸入三氯甲烷-甲醇-二甲基甲酰胺（20：20：1）（或乙酸乙酯-丁酮-甲酸-水，10：7：1：1）展开剂中上行展开，待展开剂移行约 10cm 时，取出薄层板，立即用铅笔划出溶剂前沿。在通风橱内将展开剂挥尽后，分别在紫外分析仪 365nm

和 254nm 下检视，标出各斑点的位置和外形。

五、数据记录及处理

1. 观察并记录各斑点颜色。
2. 测量 L_0 和 L 值，计算比移值 R_f。
3. 计算样品中两组分的分离度 R_s。
4. 对样品中的斑点作出定性结论。

$L_0=$ _____ cm

	对照品		样品	
	SMZ（或盐酸小檗碱）	TMP（或黄芩苷）	斑点 a	斑点 b
颜色				
L（cm）				
R_f				
R_s	—	—		
结论	—	—		

六、注意事项

1. 在乳钵中混合硅胶 GF_{254} 和 CMC-Na 黏合剂时，注意应充分研磨均匀，并朝同一方向研磨，去除表面气泡后再铺板。
2. 点样时，微量进样器针头切不可损坏薄层板表面。
3. 层析缸必须密封，否则溶剂易挥发，从而改变展开剂比例，影响分离效果。
4. 展开剂用量不宜过多，否则溶液移行速度太快，分离效果受影响，但也不可过少，以免展开时间过长。一般只需满足薄层板浸入 $0.3\sim0.5$cm 的用量即可。
5. 展开时，切勿将起始线浸入展开剂中。
6. 展开剂不可直接倒入水槽，必须倒入指定的废液桶中统一处理。

七、思考题

1. 制备硅胶 GF_{254} 黏合薄层板时，应注意哪些问题？
2. 影响薄层色谱 R_f 值的因素有哪些？
3. 薄层板的主要显色方法有哪些？

 实验二十四　蛋氨酸和甘氨酸的纸色谱分离和鉴定

一、实验目的

1. 掌握纸色谱法的分离鉴定原理。

2. 熟悉纸色谱法的基本操作。

二、实验原理

纸色谱法属于分配色谱,是以滤纸为载体,固定相为吸附于滤纸纤维中的 20%～25% 的水,其中 6% 左右的水通过氢键与纤维素上的羟基相结合,形成固定相;流动相为与水不相混溶的有机溶剂。被分离的物质在固定相和流动相之间进行分配。各组分在色谱中的位置,一般用 R_f 表示。在相同的实验条件下,物质的 R_f 值是一定的,因此用 R_f 可以进行物质的定性分析。

本实验以正丁醇-冰醋酸-水(4:1:1)为流动相展开分离甲硫氨酸 $[CH_3SCH_2CH_2CH(NH_2)COOH]$ 和甘氨酸(NH_2CH_2COOH)。两化合物结构相似,但碳链长短不同,在滤纸上结合水形成氢键的能力不同,从而使组分在流动相和纸上的分配系数不同而实现分离。甘氨酸极性大于甲硫氨酸,在滤纸上移行速度较慢,因而甘氨酸的 R_f 值小于甲硫氨酸的 R_f 值。展开后,在 60℃ 与茚三酮发生显色反应,层析纸上出现红紫色斑点。

三、仪器与试剂

仪器:层析缸,中速色谱纸(20cm×6cm),毛细管(或微量点样器),喷雾器,烘箱(或电炉)。

试剂:正丁醇-冰醋酸-水(4:1:1),茚三酮显色剂溶液(0.15g 茚三酮+30ml 冰醋酸+50ml 丙酮),甲硫氨酸对照品,甘氨酸对照品,甲硫氨酸、甘氨酸试样混合溶液(1:1)。

四、实验内容

1. 供试品溶液及对照溶液的制备　甲硫氨酸和甘氨酸标准溶液均为 0.4mg/ml 的水溶液,甲硫氨酸与甘氨酸样品的混合溶液作为供试品溶液。

2. 点样　取中速色谱纸一张,在距底边 2cm 处用铅笔轻划一直线作为起始线,在起始线上用毛细管(或微量点样器)分别点加上述对照品及供试品溶液 3～4 次,斑点直径 2mm,晾干(或用冷风吹干)。

3. 展开　在干燥的层析缸中加入 35ml 展开剂,把点样后的滤纸垂直悬挂于层析缸内,盖上缸盖,预饱和 10min。然后使滤纸底边浸入展开剂正丁醇-冰醋酸-水(4:1:1)内 0.3～0.5cm,进行展开。

4. 显色　待溶剂前沿展开至合适的部位(约 15cm),取出色谱纸,立即用铅笔划下溶剂前沿的位置。晾干后,喷茚三酮显色剂,再置色谱纸于烘箱内 60℃ 显色 5min(或在电炉上方小心加热),即可看出红紫色斑点。用铅笔画出各斑点的轮廓,分别计算混合物各组分及对照品斑点的 R_f 值,对混合试样组分进行定性分析。

五、数据记录与处理

L₀=_____ cm

	溶剂	供试品溶液		甲硫氨酸 对照品	甘氨酸 对照品
		甲硫氨酸	甘氨酸		
L（cm）					
R_f					
结论					

六、注意事项

1. 展开剂必须预先配制且充分摇匀。

2. 点样时每点一次，一定要吹干后再点第二次。斑点直径约 2mm。点样次数视样品溶液浓度而定。

3. 氨基酸的显色剂茚三酮对体液，如汗液等均能显色，所以在拿取色谱纸时，应注意拿色谱纸的顶端或边缘，以保证色谱纸上无杂斑（如手纹印等）。

4. 茚三酮显色剂应临用前配制，或置冰箱中冷藏备用。

5. 点样用的毛细管（或微量点样器）不可混用，以免污染。

6. 点样后的色谱纸在层析缸内预饱和 10min 时，不可将色谱纸浸入展开溶剂内。开始展开时小心将色谱纸浸入展开溶剂中，勿使溶剂浸过起始线。

7. 喷显色剂时要均匀、适量，不可过分集中，使局部太湿。

七、思考题

1. 影响 R_f 值的因素有哪些？
2. 在色谱实验中为何常采用标准品对照？

 实验二十五　气相色谱仪的基本操作与色谱柱性能检查

一、实验目的

1. 掌握气相色谱柱的性能检查方法。
2. 掌握气相色谱仪的基本操作方法。
3. 了解气相色谱仪的工作原理和构造。

二、实验原理

《中国药典》规定，采用气相色谱法（GC）对药物进行定性或定量分析时，需对仪器进行适用性试验，如测定柱效率、分离度、拖尾因子等。如检定的结果不符合要求，可通过改变色谱柱（如柱长、载体性能、固定液用量、色谱柱填充质量等）或改变仪器的工作条件（如柱温、载气速率、进样量等），使其达到相关要求。本实验的检定内容包括色谱柱的理论塔板数（n）、理论塔板高度（H）和分离度（R）。

1. 理论塔板数（n）和理论塔板高度（H）　用于评价柱效率，n越大，H越小，柱效率越高。同一色谱柱对于不同化合物的柱效率不一定相同。

$$n = 5.54\left(\frac{t_R}{W_{1/2}}\right)^2 = 16\left(\frac{t_R}{W}\right)^2 \qquad H = \frac{L}{n}$$

式中，t_R为保留时间（cm 或 s）；$W_{1/2}$为半峰宽（cm 或 s）；W为峰底宽（cm 或 s）；L为柱长（mm）。

2. 分离度（R）　分离度是判断相邻两组分在色谱柱中总分离效能的指标。分离度≥1.5，表示达到基线分离。

$$R = \frac{2(t_{R_2} - t_{R_1})}{W_1 + W_2} = \frac{2(t_{R_2} - t_{R_1})}{1.699(W_{1/2(1)} + W_{1/2(2)})} = \frac{1.177(t_{R_2} - t_{R_1})}{W_{1/2(1)} + W_{1/2(2)}}$$

三、仪器与试剂

仪器：气相色谱仪，氢火焰离子化检测器，色谱柱（20%聚乙二醇 20mol/L，柱长 2m），10μl 微量注射器。

试剂：0.05%苯-甲苯（1∶1）的二硫化碳溶液，所用试剂均为 AR 级。

四、实验内容

1. 接通载气，开启仪器，按以下色谱条件操作。

气体流速：载气，氮气（30ml/min）；燃气，氢气（40ml/min）；助燃气，空气（350ml/min）。温度：气化室，120℃；柱箱，80℃；检测器，130℃。

2. 点火后，待基线平直。打开色谱工作站，设定工作参数。

3. 吸取样品溶液 0.6μl，注入气相色谱仪。根据色谱图上各组分峰的参数，按公式计算理论塔板数（n）、理论塔板高度（H）及分离度（R）。

五、数据记录及处理

1. 记录色谱条件

色谱柱＿＿＿＿＿＿＿＿＿＿＿＿＿＿＿＿＿＿。柱温＿＿＿＿℃。

载气：＿＿＿。载气流速＿＿＿＿＿＿＿＿＿ml/min。

检测器＿＿＿。检测器温度＿＿＿＿＿℃。量程＿＿＿。

辅助气流速：H₂＿＿＿ml/min，空气＿＿＿＿ml/min。

气化室温度：＿＿＿℃。

2. 记录组分名、保留时间 t_R、半峰宽 $W_{1/2}$（或峰底宽 W）等参数，分别计算苯和甲苯的理论塔板数（n）、理论塔板高度（H）及两组分的分离度（R）。

	t_R	W（$W_{1/2}$）	n	H	R
苯					
甲苯					

六、注意事项

1. 实验前认真预习气相色谱仪的使用方法及使用注意事项。本实验也可采用热导（TCD）检测器。

2. 注意使用微量注射器的操作要领，尽量避免针头和针芯被折弯。进样前应先用被测溶液润洗数次，吸取样品时，如有气泡，可将针尖朝上，推动针芯，赶出气泡。

3. 计算时应注意 t_R 和 W 或 $W_{1/2}$ 单位的一致性。

4. 实验完毕，注意物品归位，做好仪器使用登记。

七、思考题

1. 选择柱温的原则是什么？如样品组分中最高沸点为 100℃，则柱温、气化室及检测器的温度应怎样选择以进行初步试验？

2. 为什么检测器温度必须大于柱温？

3. 色谱柱的理论塔板数受哪些因素影响？分离度是否越大越好？

 实验二十六　气相色谱法定量测定吡咯卡品中甲苯的含量

一、实验目的

1. 掌握气相色谱仪的使用方法。
2. 掌握内标法测定含量的方法及其计算。
3. 了解气相色谱仪的工作原理、构造及使用方法。

二、实验原理

1. 气相色谱的定量方法常采用内标法，内标法又分为标准曲线法、对比法（一点法）、校正因子法。使用内标法可抵消仪器稳定性差，进样量不准确等带来的误差。内标法是选择样品中不含有的纯物质作为内标物加入待测样品溶液中，以待测组分和内标物质的响应信号对比，测定待测组分的含量。

2. 内标校正因子法可由对照品溶液得到校正因子。在相同条件下分析，若已知样品质量及样品中内标物 s 的准确质量，即可由样品色谱图的待测组分 i 和内标物 s 的峰面积计算待测组分的质量分数。

$$f' = \frac{f_i}{f_s} = \frac{m_i / A_i}{m_s / A_s} \qquad \frac{m_i}{m_s} = f' \times \frac{A_i}{A_s}$$

式中，f' 为校正因子；m_i 为待测组分的质量；m_s 为内标物的质量；A_i 为待测组分的峰面积；A_s 为内标物的峰面积。

$$w_{待测组分} = \frac{m_{ix}}{m_样} \times 100\% = \frac{m_{ix}}{m_{sx}} \times \frac{m_{sx}}{m_样} \times 100\% = f' \times \frac{A_{ix}}{A_{sx}} \times \frac{m_{sx}}{m_样} \times 100\%$$

式中，A_{ix} 为样品中待测组分的峰面积；A_{sx} 为样品中内标物的峰面积；m_{sx} 为样品中内标物的质量；$m_样$ 为样品质量。

3. 内标对比法是在校正因子未知时内标法的一种应用。在药物分析中，校正因子多是未知的，所以内标对比法是气相色谱法中常用的定量分析方法。在同体积的对照品溶液和样品溶液中，各加入相同质量的内标物 s，分别进样，按下式计算样品溶液中待测组分的质量分数。

$$(c_i\%)_{样品} = \frac{(A_i / A_s)_{样品}}{(A_i / A_s)_{对照}} \times (c_i\%)_{对照}$$

式中，c_i：待测组分浓度；A_i：待测组分的峰面积；A_s：内标物的峰面积。

4. 甲苯是药物制备过程中常见的一种有机溶剂，在成品中常有残留，其检出限量为 0.089%。甲苯的测定方法可采用 GC 法，以苯为内标，按下式计算试样中甲苯的质量分数。

$$w_{甲苯} = \frac{(c_i\%)_{样品} \times D}{m_s} \times 100\%$$

式中，w：质量百分含量；c_i：进样溶液浓度；D：稀释倍数；m_s：样品称样量。

三、仪器与试剂

仪器：气相色谱仪，氢火焰离子化检测器，10μl 微量注射器，聚乙二醇（PEG）-20M 固定相，容量瓶，吸量管。

试剂：0.89g/L 甲苯对照品储备液，二硫化碳溶液，0.89g/L 内标物苯储备液，所用试剂均为 AR 级，吡咯卡品。

四、实验内容

1. 色谱条件 气体流速：载气，氮气（30ml/min）；燃气，氢气（40ml/min）；助燃气，空气（350ml/min）。温度：气化室，120℃；柱箱，80℃；检测器，130℃。

2. 对照品溶液配制 精密吸取甲苯对照品储备液（0.89g/L）1ml 于 10ml 容量瓶中，加二硫化碳稀释至刻度；精密吸取该溶液 1ml、内标物苯储备液（0.89g/L）1.0ml 于 10ml 容量瓶中，加二硫化碳至刻度，摇匀。

3. 样品溶液的配制 取样品吡咯卡品 1g，精密称定，至 10ml 容量瓶中，加入内标物苯（0.89g/L）1.0ml，加二硫化碳至刻度，摇匀，即得。

4. 进样和计算 将对照品与样品溶液分别进样 0.6μl，平行进样两次。根据色谱图上各组分的峰面积，按公式计算校正因子和吡咯卡品中甲苯的质量分数。

五、数据记录及处理

1. 内标校正因子法数据记录及结果。

对照品_____ mg；内标物_____ mg；样品_____ mg

	A_i	A_s	m_s	f'	含量	平均含量
对照品 1					—	
对照品 2					—	—
样品 1						
样品 2						

2. 内标对比法数据记录及结果。

对照品溶液_____ g/L；样品_____ g

	A_i	A_s	A_i/A_s	含量	平均含量
对照品 1				—	
对照品 2				—	—
样品 1					
样品 2					

六、思考题

1. 内标法对内标物的要求是什么？
2. 内标法的优缺点分别是什么？比较内标对比法与内标校正因子法。
3. 甲苯的溶剂残留是否可以采用高效液相色谱（HPLC）法？为什么首选 GC 法？

实验二十七 综合性实验——气相色谱法分离鉴定苯、甲苯、二甲苯与麝香祛痛搽剂中冰片的定性鉴别和含量测定

第一部分 苯、甲苯、乙苯、对二甲苯、间二甲苯与邻二甲苯的气相色谱法分离与苯的定性鉴别

一、实验目的

1. 掌握气相色谱仪的使用。
2. 掌握利用标准品直接对照定性鉴别的原理与方法。
3. 熟悉色谱系统适用性试验的方法。

二、实验原理

依据同一物质在同一色谱柱和相同操作条件下保留值相同的原理，利用标准品直接

对照定性是气相色谱中一种常用的定性鉴别方法。分别测量标准品和样品在同一实验条件下的保留值，通过比较保留值的一致性进行定性鉴别。该方法适用于鉴别范围已知的未知物。

三、仪器与试剂

仪器：气相色谱仪（FID，火焰电离检测器），1μl 微量注射器。
试剂：苯对照液，苯、甲苯、乙苯、对二甲苯、间二甲苯与邻二甲苯的苯系物混合液。

四、实验内容

1. 色谱条件　色谱柱：2m×3mm，有机皂土-DNP 混合固定液，上试 102 载体（硅藻土载体，60～80 目）；柱温：70℃；检测器：FID，150℃；进样器：S/SLIP（毛细管分流/不分流），120℃；流动相：氮气 60ml/min，氢气 50ml/min，空气 350ml/min。

2. 分离与鉴定　在上述实验条件下，分别取苯对照液及苯、甲苯、乙苯、对二甲苯、间二甲苯与邻二甲苯的混合样品液各 0.5μl 进样，记录色谱图。

五、数据记录与处理

苯对照液的色谱图：记录分析结果表中保留时间；系统评价表中理论塔板数、分离度与拖尾因子。

苯系物混合液的色谱图：记录分析结果表中保留时间；系统评价表中理论塔板数、分离度与拖尾因子。

六、结果与结论

1. 苯系物色谱图中，共有多少个色谱峰？至少含有几种成分？
2. 在苯系物色谱图中，哪一个色谱峰与对照品苯具有相同的保留时间？
3. 苯系物中是否含有苯？

七、思考题

1. 利用标准品直接对照定性应注意什么？如何操作？
2. 色谱系统适用性试验的目的是什么？

第二部分　气相色谱法测定麝香祛痛搽剂
中樟脑、薄荷脑与冰片的含量

一、实验目的

1. 掌握内标法测定供试品中主成分含量的方法。
2. 了解气相色谱法在药物制剂含量测定中的应用。
3. 初步掌握毛细管柱气相色谱仪的操作。

二、实验原理

1. 麝香祛痛搽剂是一种外用液体制剂，《中国药典》（2015 年版）规定其每 1ml 含樟脑（$C_{10}H_{16}O$）应为 25.5～34.5mg、含薄荷脑（$C_{10}H_{20}O$）应为 8.5～11.5mg、含冰片（$C_{18}H_{10}O$）应为 17.0～23.0mg。

2. 采用内标法测定供试品中樟脑、薄荷脑与冰片的含量。分别配制含有等量内标物（水杨酸甲酯）的混合对照品溶液（测定校正因子）和供试品溶液。各精密吸取一定量，注入色谱仪，测定。按下式计算校正因子：

校正因子
$$f_{i,s} = \frac{c_i / A_i}{c_s / A_s}$$

式中，A_s 为内标物质的峰面积或峰高；A_i 为对照品的峰面积或峰高；c_s 为内标物质溶液的浓度；c_i 为对照品溶液的浓度。

供试品中待测成分含量为

$$c_i = f_{i,s} \cdot A_i \cdot \frac{c_s'}{A_s'}$$

式中，$f_{i,s}$ 为相对校正因子；A_i 为供试品的峰面积或峰高；c_i 为供试品溶液的浓度；A_s' 为内标物质的峰面积或峰高；c_s' 为内标物质的浓度（在加内标物的样品中）。

三、仪器和试剂

仪器：气相色谱仪（FID），1μl 微量注射器，分析天平等。
试剂：樟脑、薄荷脑与冰片对照品，麝香祛痛搽剂，水杨酸甲酯（内标物），无水乙醇等。

四、实验内容

1. **色谱条件**　仪器型号：GC-14C；色谱柱：CB-Wax（30m×0.32mm×0.5μm）；载气：高纯氮（99.999%），进入色谱柱载气流量 F_c=1.3ml/min，F_s=26 ml/min，尾吹流量38ml/min；柱前压：75kPa；进样口温度：230℃；检测器温度：250℃；柱温：130℃；氢气∶空气=（35∶350）ml/min。分流比 20∶1。

2. 溶液配制

（1）测定校正因子所用对照品溶液的配制

内标溶液的配制：取水杨酸甲酯约 47mg，精密称定，置于 10ml 容量瓶中，加无水乙醇至刻度，摇匀，即得。

混合对照品溶液的配制：取樟脑约 6.6mg、薄荷脑约 2.8mg、冰片约 4.8mg，精密称定，精密吸取内标溶液 1.00ml，置同一 10ml 容量瓶中，加无水乙醇至刻度，摇匀，即得。

（2）供试品溶液的配制：精密量取 0.20ml 样品和内标溶液 1.00ml，置 10ml 容量瓶中，加无水乙醇至刻度，摇匀，即得。

3. 测定

（1）吸取上述测定校正因子所用混合对照品溶液 1μl，注入气相色谱仪，测定，记录色谱图。

（2）吸取供试品溶液 1μl，注入气相色谱仪，测定，记录色谱图。

五、数据记录与处理

对照品溶液的色谱图

1. 记录分析结果表中下表信息。

分析结果表（仪器给出的分离报告表）

峰号	组分名	保留时间	峰高	峰面积
1				
2				
3				
4				
5				

2. 校正因子的计算。

根据　$f_{i,s} = \dfrac{c_i / A_i}{c_s / A_s}$

分别计算　　$f_{i,s樟} =$

$f_{i,s薄} =$

$f_{i,s冰} =$

供试品溶液的色谱图

1. 记录分析结果表中下表信息。

分析结果表（仪器给出的分离报告表）

峰号	组分名	保留时间	峰高	峰面积
1				
2				
3				
4				
5				

2. 计算每 1ml 麝香祛痛搽剂中各组分的含量（mg）。

根据　$c_i = f_{i,s} \cdot A_i \cdot \dfrac{c_s'}{A_s'}$

分别计算 $c_{i樟}$ =

$c_{i薄}$ =

$c_{i冰}$ =

六、结果与结论

经测定某厂生产的某批号的麝香祛痛搽剂，每1ml含樟脑 x mg，是否符合规定（规定其每1ml含樟脑应为 25.5～34.5mg）；每1ml含薄荷脑 x mg，是否符合规定（规定每1ml含薄荷脑应为 8.5～11.5 mg）；每1ml含冰片 x mg，是否符合规定（规定每1ml含冰片应为 17.0～23.0mg）。

七、思考题

1. 用内标法定量分析时，进样量是否要十分准确？
2. 在什么情况下可以采用内标法加校正因子的计算方法？
3. FID 属何种类型检测器？它有什么特点？

实验二十八　顶空气相色谱法（HS-GC）测定维生素 C 残留的甲醇、乙醇含量

一、实验目的

1. 初步掌握顶空气相色谱法的原理和操作。
2. 了解药物中有机溶剂残留量的测定方法。

二、实验原理

维生素 C 在合成过程中，采用甲醇、乙醇作溶媒进行精制，成品中可能残留有部分的甲醇、乙醇。有机溶剂的残留会增加药品的毒副作用，对药品的稳定性也有影响。根据维生素 C 易溶于水的性质，采用顶空气体进样，对维生素 C 中有机溶剂残留量进行控制，避免了维生素 C 溶液直接进样，污染色谱柱和检测器，同时缩短检测分析时间，提高了工作效率。

三、仪器与试剂

仪器：气相色谱仪（装备 FID 检测器），恒温加热装置，顶空瓶，瓶塞，铝盖，手动压盖器，100μl 微量注射器，容量瓶，移液管。

试剂：甲醇（AR），乙醇（AR），重蒸馏水和维生素 C 原料药。

四、实验内容

1. 实验条件

（1）色谱条件

带教提示

1. 专用顶空瓶可采用青霉素小瓶替代，丁基橡胶瓶塞需用四氟乙烯薄膜包裹，以防样品组分被其吸附。

2. 恒温加热装置可采用集热式加热器，水浴或油浴（最好）恒温。

3. 使用 100μl 微量注射器采集顶空气体前需预热（温度接近顶空平衡温度）；进样时，要卡住微量注射器的针芯以防进样口的压力导致针芯冲出。如采用 250μl 微量注射器则不存在此问题。

色谱柱：毛细管柱（OV-1301，30m×0.53mm 或 0.32mm）或填充柱（GDX-203 或上试 402），长 2m；柱温：50℃ 左右；载气：N_2，2～15 ml/min；氢焰离子化检测器：量程选最佳挡。

（2）顶空条件：加热温度，80℃，加热时间，20min。

2. 对照品溶液制备
精密吸取 5.0ml 乙醇、3.0ml 甲醇，置于 500ml 容量瓶中，用水溶解并稀释至刻度。

精密吸取上述溶液 3.0ml 置于 100ml 容量瓶中，用水稀释至刻度，摇匀，制成每 1ml 溶液中含 237μg 乙醇、142μg 甲醇的对照品溶液。

3. 操作步骤

（1）对照品溶液的测定：精密吸取标准对照品溶液 5ml，置于 12ml 顶空瓶中，立即密封，待上述条件达到后，取顶空气体 50μl 进行测定。

（2）供试品溶液的测定：准确称量维生素 C 原料药 0.5g，置于 12ml 顶空瓶中，加入 5.0ml 水，立即密封，同上进行测定。

4. 定量计算
采用外标一点法。

5. 数据记录

（1）色谱条件

载气：N_2 流速_____ml/min；柱温：__℃；检测器：类型 _____；温度 _____℃；量程 _____；H_2 流速 _____ml/min，空气流速 _____ml/min；汽化室：温度_____℃。

（2）顶空条件：加热温度_____℃，加热时间_____。

（3）记录组分名、保留时间、峰面积、半峰宽、死时间等参数。

五、思考题

1. 影响顶空-气相色谱法的主要因素有哪些？
2. 顶空-气相色谱法适用于什么类型的样品分析？

实验二十九 高效液相色谱仪的基本操作与色谱柱性能检查

一、实验目的

1. 掌握高效液相色谱仪的使用方法。

2. 掌握色谱柱理论塔板数和理论塔板高度、色谱峰拖尾因子和分离度的计算方法。

3. 了解高效液相色谱仪的构造及工作原理。

4. 了解考察色谱柱的基本特性的方法和指标。

二、实验原理

1. 理论塔板数（n）和理论塔板高度（H）　在色谱柱性能测试中，理论塔板数或理论塔板高度反映了色谱柱本身的特性，是一个具有代表性的参数，可以用其衡量柱效能。根据塔板理论，理论塔板数越大，板高越小，柱效能越高，用各色谱峰的保留时间和峰的区域宽度计算其值。

$$n = 5.54 \left(\frac{t_R}{W_{1/2}} \right)^2 = 16\pi \left(\frac{t_R}{W} \right)^2, \qquad H = \frac{L}{n}$$

2. 拖尾因子　拖尾因子计算参数示意图如图 2-7 所示。色谱柱的热力学性质和柱填充得均匀与否，将影响色谱峰的对称性。色谱峰的对称性用峰的拖尾因子（T）来衡量，T 值应为 0.95～1.05。

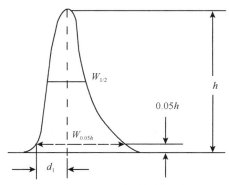

图 2-7　拖尾因子计算参数示意图

$$T = \frac{W_{0.05h}}{2d_1}$$

3. 分离度　分离度是根据色谱峰判断相邻两组分在色谱柱中总分离效能的指标，用 R 表示。相邻两组分的分离度应≥1.5，才能达到完全分离。

$$R = \frac{2(t_{R_2} - t_{R_1})}{W_1 + W_2} = \frac{1.177(t_{R_2} - t_{R_1})}{(W_{1/2_{(1)}} + W_{1/2_{(2)}})}$$

各类型色谱柱考察性能的常用化合物及操作条件见表 2-6。

表2-6　色谱柱类型与操作条件

柱类型	检测用化合物	流动相
吸附柱	苯、甲苯、萘、联苯	乙烷或庚烷
反相柱	苯、甲苯、萘、菲、联苯等	甲醇-水（80∶20）
氰基柱	甲苯、苯乙腈、二苯酮等	乙烷-异丙醇（98∶2）
氨基柱	联苯、菲、硝基苯等	庚烷或异辛烷
醚基柱	邻、间、对-硝基苯胺等	乙烷-二氯甲烷-异丙醇（65∶30∶5）

三、仪器与试剂

仪器：高效液相色谱仪（紫外检测器），微量注射器（25μl）或自动进样器，C_{18}反相键合相色谱柱（φ4.6mm×150mm，粒径5μm），溶剂过滤器（0.45μm）及脱气装置。

试剂：0.05%苯和甲苯（1∶1）的甲醇溶液，甲醇（色谱纯），重蒸馏水（新制）。

四、实验内容

1. 流动相的配制 量取甲醇（色谱纯）和重蒸馏水（80∶20），混合均匀后，用0.45μm滤膜过滤脱气。

2. 设置色谱条件 色谱柱：C_{18}反相键合相色谱柱（φ4.6mm×150mm，粒径5μm）。流动相：甲醇-水（80∶20）。流速：1ml/min。检测器：紫外检测器。检测波长：254nm。柱温：30℃。

3. 用微量注射器吸取0.05%苯和甲苯（1∶1）的甲醇溶液10μl，注入色谱仪分析，记录色谱图并做数据处理。

五、数据记录及处理

1. 色谱条件 色谱柱类型：＿＿＿＿＿＿。柱温：＿＿＿＿℃。流动相：＿＿＿＿。流速＿＿＿＿ml/min。检测器类型：＿＿＿＿。检测波长：＿＿＿＿。

2. 记录组分名称、保留时间、半峰宽（或峰宽）等参数，分别计算苯和甲苯的理论塔板数（n）、理论塔板高度（H）、拖尾因子（T）及两者的分离度（R）。

	t_R	W或$W_{1/2}$	$W_{0.05h}$	d_1	n	H	T	R_s
苯								
甲苯								

六、注意事项

1. 实验前认真预习高效液相色谱仪的使用方法及使用注意事项。

2. 手动进样时要用平头微量注射器，不可用气相分析的尖头微量注射器，注意使用时的操作要领，防止针头和细长针芯折弯。使用前应先用被测溶液润洗数次，吸取样品时，如有气泡，可将针尖朝上，推动针芯，赶出气泡。

3. 注意流动相不能抽空，废液瓶应及时清空，以免废液溢出。

七、思考题

1. 流动相在使用前为何要脱气？

2. 在反相色谱中，流动相和固定相哪个极性大？与正相色谱相比，有何不同？

3. 使用化学键合相色谱柱时，流动相的pH应控制在什么范围内？

实验三十　综合性实验——心可舒片中葛根素的高效液相色谱 系统适应性试验、定性鉴别与含量测定

一、实验目的

1. 掌握色谱系统适用性试验的目的、意义与包含的内容。
2. 掌握高效液相色谱法定性鉴别的方法。
3. 掌握外标法的实验方法和结果计算。
4. 熟悉高效液相色谱仪的操作与使用。

二、实验原理

　　通过系统适用性试验，考察所配置的分析系统与设定的参数是否适用，以便给出分析方法在分析状态下应必须满足的条件。系统适用性试验包含的内容有理论塔板数 n，分离度 R，拖尾因子 T 与重复性（平行进样对照品溶液 5 次，其 RSD 应小于 2.0%）。然后利用葛根素对照品与试样中待测成分保留值的一致性进行定性鉴别。采用外标法测定心可舒中葛根素的含量。《中国药典》规定心可舒片中每片含葛根以葛根素（$C_{21}H_{20}O_9$）计不得少于 3.5mg。

　　本实验利用葛根素对照品与试样中待测成分保留值的一致性进行定性鉴别。采用外标法测定心可舒中葛根素的含量。

$$\frac{A_x}{A_s} = \frac{c_x}{c_s}$$

　　每片心可舒片中含葛根素为

$$m_{片} = m_{样} \times \frac{m_1}{m_2} = c_{样} \times D \times \frac{m_1}{m_2}$$

式中，m_1 为平均片重，m_2 为称取试样重；D 为稀释倍数。

三、仪器与试剂

　　仪器：高效液相色谱仪（紫外检测器），超声波提取器，分析天平（十万分之一），微量注射器（10μl），C_{18} 反相色谱柱，容量瓶（10ml、50ml）。

　　试剂：葛根素对照品，心可舒片，甲醇（色谱纯），乙醇（AR），冰醋酸（AR），高纯水（新制）。

四、实验内容

　　1. 对照品溶液的制备　取葛根素对照品约 10mg，精密称定，置 50ml 容量瓶中，加甲醇

1. 系统适用性参数包括 n、T、R，重复性实验的 RSD。

2. 《中国药典》规定 n 不得低于 1500，T 应在 0.95~1.05，R 不得小于 1.5%，RSD<2.0%。

3. 片剂含量测定取样不得少于 10 片。

至刻度，摇匀；精密量取 1.00ml，置 10ml 容量瓶中，加 30% 乙醇至刻度，摇匀，即得（每 1ml 含葛根素 20μg）。

2. 供试品溶液的制备 取心可舒片 20 片，除去糖衣，精密称定（求平均片重 m_1 g），置研钵中研细，取粉末约 0.5g，精密称定（m_2 g），精密加甲醇 50ml，密塞，称定重量，超声处理 30min，取出，放冷，再称定重量，用甲醇补足减失的重量，摇匀，过滤，精密量取续滤液 10ml 置 25ml 容量瓶中，加流动相稀释至刻度，摇匀；用 0.45μm 针式过滤器（有机相）过滤，即得供试品溶液。

3. 测定

（1）开机：按照仪器操作规程操作，依次打开计算机、色谱仪各组件电源，待仪器自检通过，设置流速、安装色谱柱。

（2）设置色谱条件与系统适用性 色谱柱：C_{18} 反相键合硅胶填充柱；流动相：甲醇-水（25：75）；检测波长：250nm；流速：1ml/min。理论塔板数以葛根素峰计算不得低于 2000。

（3）平衡：待基线平直。

（4）进样分析：精密吸取对照品溶液 10μl，注入液相色谱仪，连续进样 5 次，记录色谱图，精密吸取供试品溶液 10μl，注入液相色谱仪，记录色谱图。

五、数据记录与处理

1. 色谱条件 色谱柱：____；流动相：____；

流速____ml/min；柱温：____℃；检测器：____。

2. 记录组分名称、保留时间、半峰宽（或峰宽）等参数，计算葛根素的理论塔板数（n）、理论塔板高度（H）、拖尾因子（T）及两者的分离度（R）。

	t_R	W 或 $W_{1/2}$	$W_{0.05h}$	d_1	n	H	T	R_s
葛根素								

3. 记录对照品和供试品的保留时间，进行定性鉴别。

实验数据：t_R 葛根素=_____；t_R 试样=_____。

4. 记录对照品和供试品峰面积，采用外标一点法计算心可舒片中葛根素的标示含量。

实验数据：A 对=_____；A 样=_____；c 对 = _____（mg/ml）。

c 样 = c 对 × A 样/A 对 = _____（mg/ml）

m_2 g 样品中含有葛根素的质量为

m 样 = c 样 × 50 × 25/10 = _____（mg）

如已知心可舒片平均片重为 m_1 g，所以每片中含葛根素的量为：

$$m_{每片} = m_{样} \times \frac{m_1}{m_2}$$

式中，m_1 为平均片重，m_2 为称取的试样重量。

六、结果与结论

1. 供试品色谱中＿＿号峰与葛根素标准品具有相同的保留时间，表明心可舒片中含有葛根。
2. 经测定某厂生产的某批号心可舒片，每片含葛根以葛根素（$C_{21}H_{20}O_9$）计为＿＿＿mg，含量是否符合规定？[规定为每片含葛根以葛根素（$C_{21}H_{20}O_9$）计不得少于 3.5mg]

七、思考题

1. 流动相在使用前为什么要脱气？
2. 本实验流动相和固定相的极性哪个大？属于何种色谱？

实验三十一　高效液相色谱法测定丹参中丹参酮 II_A 的含量

一、实验目的

1. 掌握高效液相色谱法测定中药材中有效成分的方法。
2. 学会采用外标法进行定量分析。
3. 巩固高效液相色谱仪的操作方法。

二、实验原理

外标法可分为外标一点法、外标二点法及标准曲线法。当标准曲线截距为零（截距小于定量允许误差）时，可用外标一点法定量。在药物分析中，为了减小实验条件波动对分析结果的影响，采用随行外标一点法，即每次测定都同时进对照品与样品溶液。

三、仪器与试剂

仪器：高效液相色谱仪（紫外检测器），超声波提取器，分析天平（十万分之一），微量注射器（10μl），C_{18} 反相色谱柱，棕色容量瓶（25ml、50ml）。
试剂：丹参酮 II_A 对照品，丹参药材，甲醇（色谱纯），高纯水（新制）。

四、实验内容

1. 色谱条件　色谱柱：C_{18} 反相键合硅胶填充柱；流动相：甲醇-水（75：25）；检测波长：

270nm；流速：1ml/min；温度：室温；理论塔板数按丹参酮ⅡA峰计算不低于2000。

2. 对照品溶液的制备 精密称取丹参酮ⅡA对照品10mg，置50ml棕色容量瓶中，加甲醇至刻度，摇匀；精密量取2ml，置25ml棕色容量瓶中，加甲醇至刻度，摇匀，即得（每1ml含丹参酮ⅡA16μg），经0.45μm的微孔滤膜过滤后注入高效液相色谱仪。

3. 供试品溶液的制备 取本品粉末（过50目筛）0.3g，精密称定，置具塞锥形瓶中，精密加入甲醇50ml，密塞，称定重量，超声提取30min，放冷，密塞，再称定重量，用甲醇补足减失的重量，摇匀；经0.45μm的微孔滤膜过滤，即得。

4. 测定

（1）开机：按照仪器操作规程操作，依次打开计算机、色谱仪各组件电源，待仪器自检通过，设置流速、安装色谱柱。

（2）设置色谱条件。

（3）平衡：待基线平直。

（4）进样分析：分别精密吸取对照品溶液与供试品溶液各10μl，注入液相色谱仪，平行测定2次，记录色谱图，利用对照品和供试品溶液在色谱图上对应的峰面积，采用外标一点法计算其含量。

5. 记录与数据处理

（1）色谱条件

色谱柱类型：____；流动相：____；

流速：_____ml/min；柱温：____℃；

检测器类型：____。

> **带教提示**
>
> 1. 在标准曲线可以通过原点的条件下可采用外标一点法进行含量测定。
>
> 2. 外标一点法欲获得准确的实验结果，要求进样准确，必要时可采用定量环进行进样。
>
> 3. 外标一点法中对照品和样品浓度应当接近。

（2）记录样品信息、保留时间和峰面积。

（3）根据外标一点法计算丹参中丹参酮ⅡA的含量。

五、思考题

1. 外标一点法的主要误差来源是什么？
2. 紫外检测器的优缺点分别是什么？

实验三十二　高效液相色谱法测定槐花中芦丁的含量

一、实验目的

1. 掌握高效液相色谱法中常用的定量方法。
2. 巩固高效液相色谱仪的操作。

二、实验原理

芦丁为中药材槐花的主要有效成分,是含有槐米的中成药有效成分之一,也是槐米提取物的主要成分,属于黄酮类化合物。经 HPLC 分离,以其紫外最大吸收波长 257nm 作为检测波长,在一定浓度范围内,其峰面积与含量成正比,可采用外标一点法测定其含量。

三、仪器与试剂

仪器:高效液相色谱仪(紫外检测器),超声波提取器,分析天平(十万分之一),微量注射器(10μl),C_{18} 反相色谱柱,容量瓶(10ml、100ml)。

试剂:芦丁对照品,槐花药材,甲醇(色谱纯),冰醋酸(AR),高纯水(新制)。

四、实验内容

1. 色谱条件 色谱柱:C_{18} 反相键合硅胶填充柱[25cm×4.6mm ID(内径),粒径 5μm];流动相:甲醇-1%冰醋酸(39:61);检测波长:257nm;流速:1ml/min;柱温:30℃;理论塔板数按芦丁峰计算应不低于 1500。

2. 对照品溶液的制备 取芦丁对照品约 10mg,精密称定,置 100ml 容量瓶中,加甲醇至刻度,摇匀;取 5ml 于 10ml 容量瓶中,加甲醇至刻度,摇匀;经 0.45μm 微孔滤膜过滤,即得。

3. 供试品溶液的制备 取槐花粗粉约 0.1g,精密称定,置具塞锥形瓶中,精密加入甲醇 50ml,密塞,称定重量,超声提取 30min,放冷,密塞,再称定重量,用甲醇补足减失的重量,摇匀;过滤,精密吸取续滤液 2ml,置 10ml 容量瓶中,以甲醇定容至刻度线,经 0.45μm 的微孔滤膜过滤,即得。

4. 样品测定 分别精密吸取对照品溶液与供试品溶液 10μl,注入液相色谱仪,测定,即得。

5. 记录与数据处理

(1)色谱条件

色谱柱类型:____;流动相:____;流速:____ml/min;柱温:____℃;检测器类型:____。

(2)记录样品信息、保留时间、峰面积、分离度等参数。

(3)根据外标一点法计算槐花中芦丁的含量。

五、思考题

1. 使用六通阀手动进样器时应注意什么?
2. 试述维护高效液相色谱柱的方法。

实验三十三 高效液相色谱法测定对乙酰氨基酚的含量

一、实验目的

1. 掌握高效液相色谱法的测定步骤和结果计算方法。
2. 掌握高效液相色谱法测定原料药中化学成分的方法。

二、实验原理

对乙酰氨基酚原料药在生产过程中可能引入对氨基酚等中间体，经 HPLC 分离后，以 257nm 为紫外检测波长，可采用外标一点法测定对乙酰氨基酚的含量。

三、仪器与试剂

仪器：高效液相色谱仪（紫外检测器），超声波提取器，分析天平（十万分之一），微量注射器（10μl），C_{18} 反相色谱柱，容量瓶（25ml、10ml）。

试剂：对乙酰氨基酚原料药，对乙酰氨基酚对照品，甲醇（色谱纯），乙酸铵（AR），重蒸馏水。

四、实验内容

1. 色谱条件 色谱柱：C_{18} 反相键合硅胶填充柱（15cm×4.6mm ID，粒径 5μm）；流动相：0.05mol/L 乙酸铵溶液-甲醇（85∶15），过滤，脱气；检测波长：257nm；流速：1ml/min；柱温：室温；理论塔板数按对乙酰氨基酚峰计算应不低于 2000。

2. 对照品溶液制备 取对乙酰氨基酚对照品约 10mg，精密称定，置 25ml 容量瓶中，加甲醇溶解并稀释至刻度，摇匀；精密吸取 2ml 于 10ml 容量瓶中，用流动相稀释定容至刻度，摇匀，经 0.45μm 的微孔滤膜过滤，取滤液为对照品溶液。

3. 供试品溶液制备 取对乙酰氨基酚原料药约 10mg，精密称定，置 25ml 容量瓶中，加甲醇溶解并稀释至刻度，摇匀；精密吸取 2ml 于 10ml 容量瓶中，用流动相稀释定容至刻度，摇匀，经 0.45μm 的微孔滤膜过滤，取滤液为供试品溶液。

4. 进样分析 待基线平稳后，分别用微量进样器量取对乙酰氨基酚对照品溶液和供试品溶液各 10μl，分别注入高效液相色谱仪进行分析，记录色谱

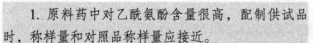

带教提示

1. 原料药中对乙酰氨酚含量很高，配制供试品时，称样量和对照品称样量应接近。

2. 对乙酰氨基酚显弱酸性，在分析过程中加入乙酸铵缓冲液控制流动相 pH，达到更好的分离效果。

图，平行进样 2 次，求算平均值，根据对照品和样品峰面积，采用外标一点法计算其含量。

5. 记录与数据处理

（1）色谱条件

色谱柱类型：____；流动相：____；

流速：_____ml/min；柱温：____℃；检测器类型：____。

（2）记录样品信息、保留时间和峰面积。

（3）根据外标一点法计算原料药中对乙酰氨基酚的含量。

五、思考题

1. 外标一点法的主要误差来源是什么？

2. 试述高效液相色谱法流动相应注意的事项。

实验三十四　高效液相色谱法测定可乐中咖啡因的含量

一、实验目的

1. 掌握标准曲线法定量方法。

2. 了解高效液相色谱仪的使用及日常维护。

二、实验原理

咖啡因又名咖啡碱，属甲基黄嘌呤化合物，化学名称为 1，3，7-三甲基黄嘌呤，化学结构式见图 2-8。具有提神醒脑等刺激中枢神经的作用，但易上瘾。为此各国制定了咖啡因在饮料中的食品卫生标准，美国、加拿大、阿根廷、日本、菲律宾等国规定饮料中咖啡因的含量不得超过 200mg/L。到目前为止我国仅允许咖啡因加入到可乐型饮料中，其含量不得超过 150mg/L。咖啡因的甲醇溶液在 270 nm 处有吸收，可通过反相高效液相色谱-紫外检测器测定其含量。

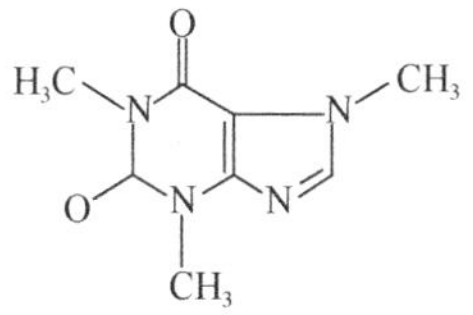

图 2-8　咖啡因的化学结构式

三、仪器与试剂

仪器：高效液相色谱仪（紫外检测器），超声波提取器，分析天平（十万分之一），微量注射器（10μl），C_{18} 反相色谱柱，容量瓶（25ml、50ml）。

试剂：咖啡因对照品，可口可乐，甲醇（色谱纯），冰醋酸（AR），超纯水（新制）。

四、实验内容

1. 色谱条件　色谱柱：C_{18} 反相键合硅胶填充柱（15cm×4.6mm ID，粒径 5μm）；流动相：甲醇-水（32∶68），过滤，脱气；检测波长：270nm；流速：1ml/min；柱温：室温；理论塔板数按咖啡因峰计算应不低于 2000。

2．咖啡因系列标准溶液制备　分别正确量取 0.2mg/ml 咖啡因甲醇储备液 1ml、2ml、3ml、4ml、5ml 于 10ml 容量瓶中，用超纯水定容至刻度，摇匀，得浓度分别为 20μg/ml、40μg/ml、60μg/ml、80μg/ml、100μg/ml 的系列标准溶液，经 0.45μm 的微孔滤膜过滤，作为系列标准溶液。

3．供试品溶液制备　将 25ml 可口可乐置于 100ml 烧杯中，剧烈搅拌 30min（或用超声波提取器在 40℃下超声脱气 5 min），取 5ml 经 0.45μm 的微孔滤膜过滤，作为待测样品。

4．标准曲线的绘制　待基线平稳后，分别用微量进样器量取咖啡因系列标准溶液 10μl 注入高效液相色谱仪，记录峰面积与保留时间。重复 2 次，要求 2 次所得的咖啡因色谱峰面积相对标准偏差小于 2%。

5．样品测定　从待测样品中吸取 10μl 进样，测其峰面积。平行测定 2 次，求其平均值，根据标准曲线求出试样的峰面积相当于咖啡因的浓度为多少。

带教提示

1. 本实验可口可乐样品前处理是为了充分赶走 CO_2。

2. 标准曲线不得随意延伸，其相关系数 r 不得小于 0.999。

3. 样品平行测定 2 次，检测相对标准偏差。

6．记录与数据处理

（1）色谱条件：色谱柱类型：____；流动相类型：____；流速：_____ml/min；柱温；____℃；检测器类型：____。

（2）确定标准溶液和供试品溶液中咖啡因的保留时间及记录不同浓度下其峰面积。

（3）根据咖啡因系列标准溶液的色谱图，绘制标准曲线。

（4）根据标准曲线，计算可口可乐中咖啡因的含量（μg/ml）。

五、思考题

1. 高效液相色谱法常用的定量方法有哪些?
2. 试述标准曲线法的优点。
3. HPLC 色谱柱日常该如何维护?

实验三十五　高效液相色谱法定量分析药品中的残留苯含量

一、实验目的

1. 掌握高效液相色谱仪的使用方法。
2. 掌握高效液相色谱法的定量测定方法。

二、实验原理

高效液相色谱法的定量测定方法常采用外标法。外标法又分标准曲线法、一点法和两点法，当标准曲线法为过原点的直线时，则可用一点法进行含量测定，其误差来源主要为进样量的不准确。在药物分析中，为了减少实验条件波动对分析结果的影响，常采用随行外标一点法，即每次测定都同时进对照品与样品溶液。在同一台仪器同样的分析条件下，进同样体积的对照品溶液和样品溶液分析，则有

$$\frac{A_\text{样}}{A_\text{标}} = \frac{c_\text{样}}{c_\text{标}}$$

即

$$c_\text{样} = \frac{A_\text{样} \times c_\text{标}}{A_\text{标}}$$

苯是药物制备过程中常见的一种有机溶剂，在成品中常有残留，其检出限量为 20ppm（0.002%）。其紫外最大吸收波长为 254nm，可在该波长处利用外标法对苯进行含量测定。

三、仪器与试剂

仪器：高效液相色谱仪（紫外检测器），25μl 微量注射器或自动进样器，C_{18} 反相键合相色谱柱（ϕ4.6mm×150mm，粒径 5μm），溶剂过滤器（0.45μm）及脱气装置。

试剂：甲醇（色谱纯），重蒸馏水（新制），苯对照品储备液（0.1mg/ml）。

样品：含残留苯的药物。

四、实验内容

1. 流动相的配制　量取甲醇（色谱纯）和重蒸馏水（80∶20），置量筒中混合后，用 0.45μm 微孔滤膜过滤脱气。

2. 色谱条件　固定相：C_{18} 反相键合相色谱柱（ϕ4.6mm×150mm，粒径 5μm）。流动相：甲醇-水（80∶20）。流速：1ml/min。检测波长：254nm。柱温：30℃。

3. 含量测定

（1）对照品溶液的配制：精密吸取苯对照品储备液（0.1mg/ml）1.0ml，置于 10ml 容量瓶中，加甲醇稀释至刻度，摇匀。

（2）样品溶液的配制：取某药物细粉约 1g，精密称定。置于 50ml 具塞三角烧瓶中，准确加入甲醇 10.0ml，超声 15min，取出，放冷至室温。取上清液，用 0.45μm 微孔滤膜过滤后待用。

（3）精密吸取对照品和样品溶液各 10μl，分别注入高效液相色谱仪进行分析，平行进样 2 次。根据对照品和样品溶液色谱图上苯的峰面积，用外标一点法计算该药物中苯的质量分数。

五、数据记录及处理

溶液	进样次数	A	$A_{平均}$	$c_{样}$（mg/ml）	$w_{苯}$
对照品	1				
	2				
样品	1				
	2				

六、思考题

1. 外标一点法的主要误差来源是什么？欲获准确的实验结果，在实验操作中应注意哪些问题？使用六通阀手动进样器时要注意什么？
2. 比较外标法和内标法。

| 第三章 | 波谱解析实验

 实验一 丹参酮 II$_A$一维氢谱和一维碳谱的测定和解析

一、实验目的

1. 掌握核磁共振氢谱和碳谱的解析方法。
2. 熟悉化学位移、积分氢数及偶合常数的测定。
3. 了解有机化合物核磁共振图谱的绘制方法。

二、实验原理

核磁共振氢谱是利用核磁共振仪记录下原子在共振下的有关信号绘制的图谱；其吸收峰个数为等效氢原子种数，吸收峰面积之比为各种等效氢原子个数的最简整数比；在核磁共振氢谱图中，特征峰的数目反映了有机分子中氢原子化学环境的种类；不同特征峰的强度比（即特征峰的高度比）反映了不同化学环境氢原子的数目比。

氢谱的应用虽然在确定分子结构上起了非常大的作用，但氢谱也存在局限性。当碳原子上的氢全部被取代后，氢谱就无法获得这一部分的结构信息；另外对于结构复杂的化合物，即使采用高磁场的仪器，氢谱信号依然可能重叠，难以解析。核磁共振碳谱基本上可以给出分子中每个不等价碳核的信号，即分子中有多少个不同的碳核，谱图中就有多少个碳信号，因此在有机化合物结构解析中碳谱的作用更为重要。

本实验以丹参酮 II$_A$ 为例，进行核磁共振一维氢谱和一维碳谱的测定和解析。丹参酮 II$_A$ 存在于中药丹参的根皮中，其结构式如图 3-1 所示。

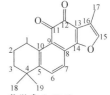

化学式：$C_{19}H_{18}O_3$；
分子量：294.1256

图 3-1 丹参酮 II$_A$的结构式

三、仪器与试剂

仪器：Bruker Ascend^{TM} 500，核磁管[OD（外径）5 mm，ID 4 mm，Length（长） 7"]
试剂：氘代氯仿（CDCl$_3$）（D，99.9%）（Cambridge Isotope Laboratories，Inc.）
样品：丹参酮 II$_A$（≥98.0%，HPLC）（上海源叶生物科技有限公司）

四、实验内容

1. 试样的制备 取减压干燥的丹参酮ⅡA 10 mg，用0.5 ml CDCl₃溶解，装入核磁样品管，待用。

2. 测试条件 ¹H-NMR 和 ¹³C-NMR 的工作频率分别为 400 Hz 和 101 Hz；¹H-NMR 谱的扫描范围为 0~16（图 3-2），¹³C-NMR 谱的扫描范围为 0~200（图 3-3）。

3. 测定步骤 ①放置样品管；②匀场；③设定采样参数、脉冲参数和处理参数；④图谱处理。

4. 丹参酮ⅡA 的 ¹³C-NMR 谱解析 数据结果（图 3-2）：¹³C-NMR（101 MHz，CDC₁₃）183.60（C-11），175.74（C-12），161.70（C-14），150.11（C-10），144.45（C-5），141.26（C-15），133.44（C-6），127.43（C-8），126.46（C-9），121.11（C-13），120.21（C-16），119.87（C-7），37.83（C-3），34.64（C-4），31.81（C-18、C-19），29.87（C-1），19.10（C-2），8.77（C-17）。

5. 丹参酮ⅡA 的 1H-NMR 谱解析 数据结果（图 3-3）：¹H-NMR（400 MHz，CDCl₃）7.60（d，J = 8.00 Hz，1H，H-6），7.52（d，J = 8.00 Hz，1H，H-7），7.19（q，J = 4.00 Hz，1H，H-15），3.16（t，J = 6.00 Hz，2H，H-1），2.23（d，J = 4.00Hz，3H，H-17），1.78（m，2H，H-2），1.64（m，2H，H-3），1.28（s，6H，H-18、19）。

6. 比对核磁图谱数据，对丹参酮ⅡA 的 ¹³C-NMR 和 ¹H-NMR 进行峰的归属分析。

五、思考题

1. ¹H-NMR 和 ¹³C-NMR 分别能提供什么结构信息？
2. 核磁共振所需样品的制备有什么注意事项？

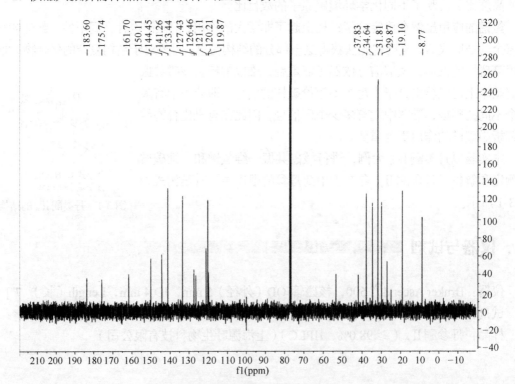

图 3-2　丹参酮ⅡA 的 ¹³C-NMR 谱

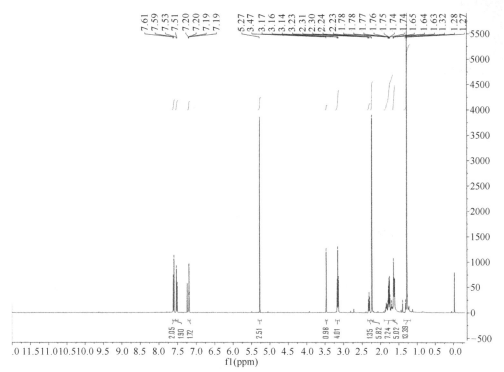

图 3-3　丹参酮 II_A 的 $^1\text{H-NMR}$ 谱

 实验二　芹菜素的 HMBC 谱的测定和解析

一、实验目的

1. 掌握化合物异核多键相关谱（HMBC）谱的测定方法。
2. 掌握化合物（HMBC）谱的解析方法。

二、实验原理

HMBC 能高灵敏度地检测 $^{13}\text{C-}^1\text{H}$ 远程耦合（$^2J_{CH}$、$^3J_{CH}$ 甚至 W 型偶合的 $^4J_{CH}$）的相关信息，它可以跨越季碳或杂原子，将从 $^1\text{H-}^1\text{H}$ COSY 谱中获得的孤立的自旋体系与季碳（或杂原子）相连接，给出分子的平面结构。对于质子数目少，不饱和程度高的化合物的结构解析来说，HMBC 谱发挥着重要作用。

三、仪器与试剂

仪器：Bruker AscendTM 500，核磁管（OD 5 mm，ID 4 mm，Length 7"）。

试剂：氘代二甲基亚砜（DMSO-D_6）[（D，99.9%）+0.03%（v/v）TMS]（Cambridge Isotope Laboratories，Inc.）。

样品：芹菜素（≥98.0%，HPLC）（Zhongxin Innova Laboratories）

四、实验内容

前期已经称取减压干燥的芹菜素 20 mg，用 0.5 ml DMSO-D$_6$ 溶解，装入样品管，并测定了该化合物的 ^{1}H-NMR 和 ^{13}C-NMR 谱。本次实验测定芹菜素的 HMBC 谱，并对其进行解析。

1. 芹菜素的 HMBC 谱的测定

带教提示

1. 样品需用合适的氘代试剂溶解，保证溶解度良好，否则易导致测定分辨率降低。

2. 等图标提示样品管已经放入核磁谱仪时，再开始锁场。

3. 化合物在测定时，必须进行锁场、匀场操作。

4. 对同一个化合物的多个图谱进行连续测定时，仅需在第一个图谱的测定过程中锁场、匀场即可。

5. 对同一个化合物的不同图谱测定时，分别选择相应测定程序，并记得输入指令 "getprosol"，调入程序，否则不能正常采样。

（1）登录：输入用户名和密码，打开核磁程序。

（2）载样：将样品管放入核磁谱仪。

1）输入 "ej"，将之前的样品管弹出。

2）将样品放入核磁谱仪，输入 "ij"，等待显示图标提示样品管已放好。

（3）锁场：输入指令 "lock DMSO"。

（4）调谐：输入指令 "atma"，进行探头调谐。

（5）匀场：输入指令 "topshim"，开始自动匀场，匀 z 方向和低阶 x、y 方向。

（6）作谱

1）输入指令 "new"，设置新实验，填写实验名、实验号、处理号、存放路径、用户名、溶剂名、实验参数类型（HMBCGPND）、谱图抬头等。

2）输入指令 "getprosol"，读取 90 度脉冲的脉宽和功率。

3）设定主要采样参数：F$_2$ TD 默认为 2048；F$_1$ TD 至少要设置为 256 以上（越大信噪比越高，但采样时间也会相应增加）；NS（信号扫描次数，4 的倍数）、DS（空扫次数，一般为 16 次）从 PULSEPRONG 中按要求填入；SW（谱宽）设定 F$_2$ 一般为 12 ppm，F$_1$ 为一般为 220 ppm（对于个别化合物可根据化合物的 ^{1}H-NMR 及 ^{13}C-NMR 谱行相应设定）。

4）输入指令 "rga；zg"（rga：自动增益计算；zg：zero go），开始采样。

（7）谱图处理

1）输入指令 "xfb"，进行二维谱傅里叶变换。

2）选中已测定的芹菜素的 ^{1}H-NMR 谱，右键选择 display as 2D projection，左键点击 F$_2$；选择芹菜素的 ^{13}C-NMR 谱，右键选择 display as 2D projection，左键点击 F$_1$。

3）输入指令 "clev 32"，使等高线图看得更清晰。

4）点击 Calib Axis，以 TMS 的信号为基准（F$_2$，0；F$_1$，0），标定坐标。

5）打印图谱。

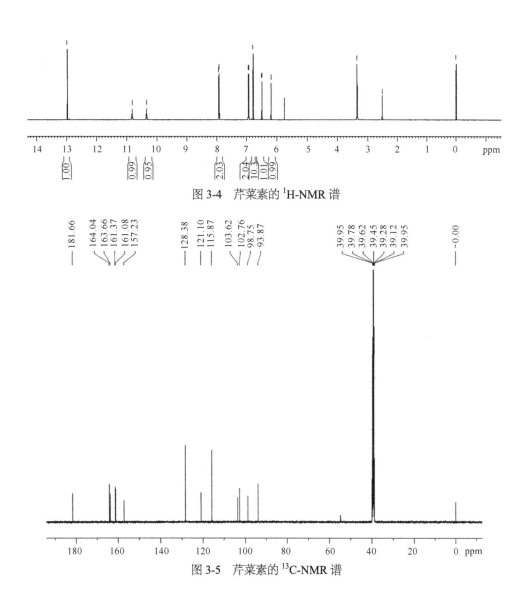

图 3-4　芹菜素的 ^{1}H-NMR 谱

图 3-5　芹菜素的 ^{13}C-NMR 谱

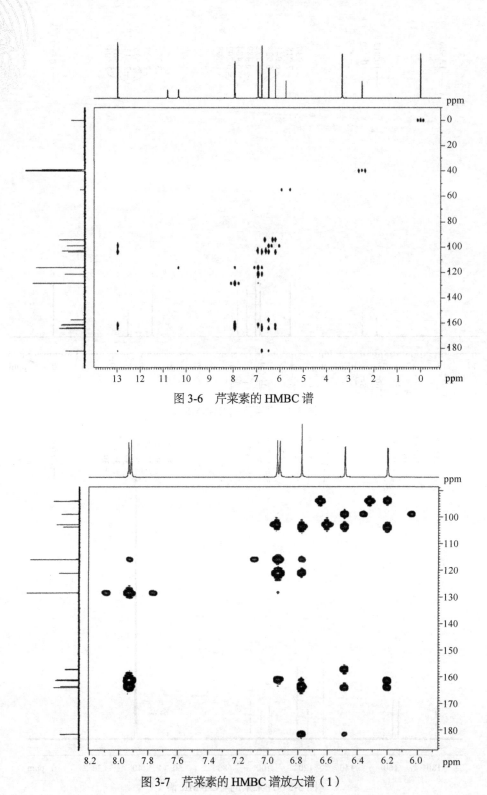

图 3-6 芹菜素的 HMBC 谱

图 3-7 芹菜素的 HMBC 谱放大谱（1）

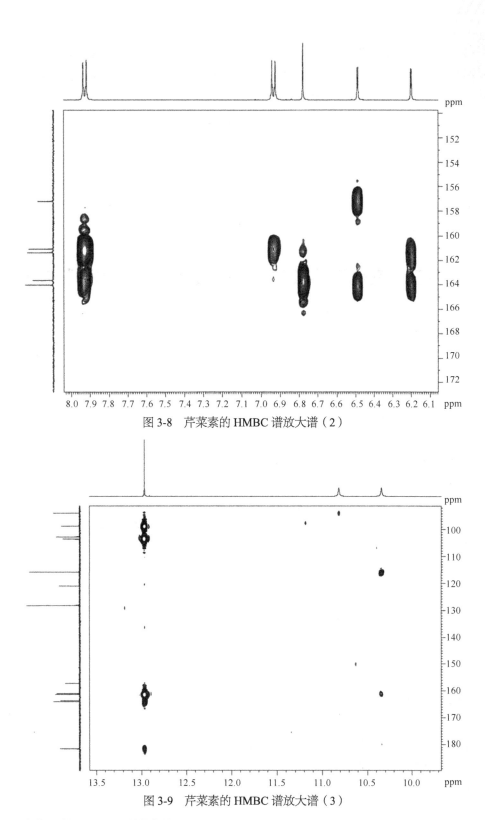

图 3-8 芹菜素的 HMBC 谱放大谱（2）

图 3-9 芹菜素的 HMBC 谱放大谱（3）

2. 芹菜素的 HMBC 谱的解析

（1）HMBC 谱中相关信息的识别

1）F_2 方向和 F_1 方向分别为 ^1H 核和 ^{13}C 核的化学位移值；

2）图谱中的几种相关峰的识别：①反映碳氢远程偶和的相关峰；②反映碳氢近程偶和的一组相关峰；③有时在上述一对峰的中间还有一个峰，在垂直方向与氢谱中某个峰组的中心正对，其与一对峰的作用相同。

（2）结合 ^{1}H-NMR、^{13}C-NMR 谱，对芹菜素的碳氢数据进行归属。

五、思考题

1. HMBC 能提供什么结构信息？
2. HMBC 谱中反映碳氢远程偶和的相关峰具有什么作用？

 实验三　气相色谱-质谱法定性鉴别薄荷油挥发性成分

一、实验目的

1. 了解气相色谱-质谱（气-质）联用的定性定量的测定原理。
2. 了解气-质联用的基本结构及操作方法。
3. 了解气-质联用的计算机检索使用方法。

二、实验原理

气相色谱-质谱（GC-MS）联用仪是将气相色谱和质谱仪通过接口连接成一个整体。气相色谱的强分离能力和质谱法的结构鉴定能力结合在一起，使 GC-MS 联用技术成为挥发性复杂混合物定性和定量分析的重要手段。

化合物的气态分子在电子流的轰击下失去电子，成为带正电荷的分子离子，并进一步裂解成一系列碎片离子（每种分子离子都有一定的裂解规律），经质谱仪分离及扫描，便可获得相应的质谱图，并利用标准谱库进行检索和对照，实现对被测物的定性鉴别。

气-质联用获得的总离子流色谱图（TIC）与气相色谱的流出曲线相当。每个峰的面积或峰高，可作为定量分析的依据。

三、仪器与试剂

仪器：气-质联用仪，微量注射器，其他相应玻璃器皿。
试剂：无水乙醇，正己烷（AR）。
样品：薄荷（市售品）。

四、实验内容

1. 供试品溶液的制备　取市售薄荷 5mm 的短段 100g，加水 600ml，按照《中国药典》2015

版，一部）挥发油测定法，保持微沸约 5h，得薄荷油。称取薄荷油约 10mg，置于 1ml 容量瓶中，加无水乙醇-正己烷（1：1）混合溶液，溶解并定容。

2. 分析条件（参考）

（1）色谱条件：毛细管柱（30m × 0.25mm ID，膜厚 0.25μm）（非极性或弱极性），柱温，50℃维持 2min，然后以 5℃/min 的速度升温至 180℃，维持 5min；进样口温度，260 ℃；分流比，10：1；载气，氦气；流速：1ml/min。

（2）质谱条件：离子源 EI，电了能量 70eV；离子源温度，200℃；接口温度，230℃；质谱扫描范围，33～1000amu；扫描速度，1000amu/s。

3. 进样分析　取 1μl 试样溶液进样分析，使试样中各组分尽量完全分离，获取 TIC 并提取离子曲线和质谱数据。

五、数据记录及处理

根据各峰质谱图，分别在质谱图谱库中自动检索，鉴定出各峰所代表的化合物结构。

六、注意事项

1. 对于一个未知物质的质谱图，计算机进行谱库检索可提供 20 个存在于质谱库中与未知物谱图相匹配的参考物的质谱，其匹配度可能各不相同。定性鉴别还需根据样品来源、同位素丰度规律、离子碎裂规律等解谱知识进行判断，或用对照品在相同条件下作出质谱图进行对比。

2. 质谱仪要在高真空（10^{-8} 毛）下进行工作，故开机和关机要严格执行开机程序和关机程序。

3. 如果突然停电，应将质谱仪的电源开关关闭。

七、思考题

1. 气-质联用进行定性分析的可信度如何？
2. GC-MS 法定性及定量分析应记录哪些色谱及质谱条件？
3. GC-MS 法有什么优点和局限性？

 实验四　高效液相色谱-质谱法对双黄连口服液中绿原酸和咖啡酸的定性和定量分析

一、实验目的

1. 掌握高效液相色谱-质谱法（液-质）联用的基本工作原理。
2. 熟悉液-质联用在中药定性和定量分析中的应用。

二、实验原理

高效液相色谱-质谱联用技术（HPLC-MS）是以 HPLC 为分离手段，MS 为检测器的一门综合联用分析技术。HPLC-MS 主要由液相色谱系统、连接口、质量分析器真空系统和计算机软件数据处理系统组成。其主要分析过程为试样通过液相色谱进样，在色谱中进行分离，然后进入接口。在接口中组分由液相离子或分子转变为气相离子，然后气相离子被聚焦于质量分析器中，根据质荷比进行分离，最后离子信号转变为电信号，由电子倍增器进行检测，然后传输至信号处理系统进行记录。

HPLC-MS 的关键技术是接口技术，目前比较成熟的接口技术是大气压离子化（API）接口，其在大气压下将液相离子或分子转变为气相离子。目前最常用的有电喷雾离子化（ESI）和大气压化学离子化（APCI）两种接口。

双黄连口服液由金银花、黄芩和连翘三味中药提取制成，具有清热解毒、疏风解表的功效。其中的绿原酸和咖啡酸是其主要活性成分。本实验采用 HPLC-MS 法对双黄连口服液中绿原酸和咖啡酸进行定性和定量分析。

三、仪器与试剂

仪器：安捷伦 1100 型高效液相色谱仪，布鲁克高分辨飞行时间质谱仪 MicroTOF-Q Ⅱ Focus mass spectrometer（Bruker Daltonics）。

试剂：甲醇（色谱纯），乙腈，超纯水。

样品：绿原酸、咖啡酸对照品（≥ 98.0%，HPLC）（上海源叶生物科技有限公司），双黄连口服液。

四、实验内容

1. 对照品溶液的制备 分别精密称取绿原酸和咖啡酸对照品约 2mg，用 50%含水甲醇溶解，定容，制备成浓度为 10μg/ml 的对照品溶液。取 2 种对照品溶液适量制备混合对照品溶液。

2. 供试品溶液的制备 精密吸取双黄连口服液 100μl，置于 10ml 容量瓶中，用 50%含水甲醇稀释定容，摇匀，0.45μm 微孔滤膜过滤，取滤液用于 HPLC-MS 分析。

3. 按照质谱开机程序开机、平衡、设置各项实验参数。

（1）色谱条件：色谱柱，Aglient TC-C$_{18}$柱（4.6 mm×250 mm，5μm）；流动相，0.1%甲酸水溶液（A）-乙腈（B）；流速，1.0 ml/min；柱温，40℃；进样体积，10μl；梯度洗脱程序，0～7 min，35%B；7～15 min，65%B；15～20 min，35%B；20～25 min，35%B。

（2）质谱条件：ESI 离子源，正负离子 Auto MS^{n} 模式分别检测；温度，180℃；电压，4500V；补偿电压，500V；干燥器流量，5L/min；雾化器，压力 3.0 Bar。

在正离子模式下：绿原酸的分子离子峰为 355（[M+Na]$^{+}$ 377），咖啡酸的分子离子峰为 181（[M+Na]$^{+}$ 203）；在负离子模式下：绿原酸的分子离子峰为 353，咖啡酸的分子离子峰为 179。

4．测定方法

（1）对照品溶液：分别取绿原酸和咖啡酸的对照品溶液进行分析，记录色谱、质谱数据。

（2）对照品混合溶液：取绿原酸和咖啡酸的对照品混合溶液进行分析，记录色谱、质谱数据。

（3）供试品溶液：取供试品溶液进行分析，记录色谱、质谱数据。

五、数据记录和处理

根据供试品和对照品的保留时间及分子离子峰质荷比，进行定性分析；根据供试品和对照品的峰面积比，采用外标一点法进行定量分析，计算供试品中绿原酸和咖啡酸的含量。

六、注意事项

1. HPLC-MS 流动相中不能使用非挥发性缓冲盐（如磷酸盐）。

2. HPLC-MS 正离子模式下经常会出现$[M+Na]^+$、$[M+K]^+$等离子峰，质谱信号种类和强度受实验条件的影响比较大。

七、思考题

1. HPLC-MS 和 HPLC 相比，有哪些优势？

2. 影响 HPLC-MS 质谱信号强度的主要因素有哪些？

3. 本实验中若 HPLC 色谱峰未达到基线分离，对定量结果是否有影响？

| 附录 |

 ## 附录 1 国际相对原子质量（$^{12}C=12$）

元素			原子序	相对原子质量	元素			原子序	相对原子质量
符号	名称	英文名			符号	名称	英文名		
H	氢	hydrogen	1	1.00794（7）	Ge	锗	germanium	32	72.64（1）
He	氦	helium	2	4.002602（2）	As	砷	arsenic	33	74.92160（2）
Li	锂	lithium	3	6.941（2）	Se	硒	selenium	34	78.96（3）
Be	铍	beryllium	4	9.012182（3）	Br	溴	bromine	35	79.904（1）
B	硼	boron	5	10.811（7）	Kr	氪	krypton	36	83.798（2）
C	碳	carbon	6	12.017（8）	Rb	铷	rubidium	37	85.4678（3）
N	氮	nitrogen	7	14.0067（2）	Sr	锶	strontium	38	87.62（1）
O	氧	oxygen	8	15.9994（3）	Y	钇	yttrium	39	88.905 85（2）
F	氟	fluorine	9	18.9984032（5）	Zr	锆	zirconium	40	91.224（2）
Ne	氖	neon	10	20.1797（6）	Nb	铌	niobium	41	92.906 38（2）
Na	钠	sodium	11	22.98976928（2）	Mo	钼	molybdenum	42	95.94（2）
Mg	镁	magnesium	12	24.3050（6）	Tc	锝	technetium	43	[97.9072]
Al	铝	aluminium	13	26.9815386（8）	Ru	钌	ruthenium	44	101.07（2）
Si	硅	silicon	14	28.0855（3）	Rh	铑	rhodium	45	102.90550（2）
P	磷	phosphorus	15	30.973762（2）	Pd	钯	palladium	46	106.42（1）
S	硫	sulphur	16	32.065（5）	Ag	银	silver	47	107.8682（2）
Cl	氯	chlorine	17	35.453（2）	Cd	镉	cadmium	48	112.411（8）
Ar	氩	argon	18	39.948（1）	In	铟	indium	49	114.818（3）
K	钾	potassium	19	39.098 3（1）	Sn	锡	tin	50	118.710（7）
Ca	钙	calcium	20	40.078（4）	Sb	锑	antimony	51	121.760（1）
Sc	钪	scandium	21	44.955912（6）	Te	碲	tellurium	52	127.60（3）
Ti	钛	titanium	22	47.867（1）	I	碘	iodine	53	126.90447（3）
V	钒	vanadium	23	50.9415（1）	Xe	氙	xenon	54	131.293（6）
Cr	铬	chromium	24	51.9961（6）	Cs	铯	caesium	55	132.9054519（2）
Mn	锰	manganese	25	54.938045（5）	Ba	钡	barium	56	137.327（7）
Fe	铁	iron	26	55.845（2）	La	镧	lanthanum	57	138.90547（7）
Co	钴	cobalt	27	58.933195（5）	Ce	铈	cerium	58	140.116（1）
Ni	镍	nickel	28	58.6934（2）	Pr	镨	praseodymium	59	140.90765（2）
Cu	铜	copper	29	63.546（3）	Nd	钕	neodymium	60	144.242（3）
Zn	锌	zinc	30	65.409（4）	Pm	钷	promethium	61	[145]
Ga	镓	gallium	31	69.723（1）	Sm	钐	samarium	62	150.36（2）

符号	名称	英文名	原子序	相对原子质量	符号	名称	英文名	原子序	相对原子质量
		元素					元素		
Eu	铕	europium	63	151.964（1）	Pa	镤	protactinium	91	231.03588（2）
Gd	钆	gadolinium	64	157.25（3）	U	铀	uranium	92	238.02891（3）
Tb	铽	terbium	65	158.92535（2）	Np	镎	neptunium	93	[237]
Dy	镝	dysprosium	66	162.500（1）	Pu	钚	plutonium	94	[244]
Ho	钬	holmium	67	164.93032（2）	Am	镅	americium	95	[243]
Er	铒	erbium	68	167.259（3）	Cm	锔	curium	96	[247]
Tm	铥	thulium	69	168.93421（2）	Bk	锫	berkelium	97	[247]
Yb	镱	ytterbium	70	173.04（3）	Cf	锎	californium	98	[251]
Lu	镥	lutetium	71	174.967（1）	Es	锿	einsteinium	99	[252]
Hf	铪	hafnium	72	178.49（2）	Fm	镄	fermium	100	[257]
Ta	钽	tantalum	73	180.94788（2）	Md	钔	mendelevium	101	[258]
W	钨	tungsten	74	183.84（1）	No	锘	nobelium	102	[259]
Re	铼	rhenium	75	186.207（1）	Lr	铹	lawrencium	103	[262]
Os	锇	osmium	76	190.23（3）	Rf		rutherfordium	104	[261]
Ir	铱	iridium	77	192.217（3）	Db		dubnium	105	[262]
Pt	铂	platinum	78	195.084（9）	Sg		seaborgium	106	[266]
Au	金	gold	79	196.966569（4）	Bh		bohrium	107	[264]
Hg	汞	mercury	80	200. 59(2)	Hs		hassium	108	[277]
Tl	铊	thallium	81	204. 3833（2）	Mt		meitnerium	109	[268]
Pb	铅	lead	82	207.2（1）	Ds		darmstadtium	110	[271]
Bi	铋	bismuth	83	208.98040（1）	Rg		roentgenium	111	[272]
Po	钋	polonium	84	[208.9824]	Uub		ununbium	112	[285]
At	砹	astatine	85	[209.9871]	Uut		Ununtrium	113	[284]
Rn	氡	radon	86	[222.0176]	Uuq		Ununquadium	114	[289]
Fr	钫	francium	87	[223]	Uup		Ununpentium	115	[288]
Ra	镭	radium	88	[226]	Uuh		Ununhexium	116	[292]
Ac	锕	actinium	89	[227]	Uuo		Ununoctium	118	[293]
Th	钍	thorium	90	232.03806（2）					

注：录自 2005 年国际原子量表（IUPAC Commission of Atomic Weights and Isotopic Abundances. Atomic Weights of the Elements 2005. Pure Appl. Chem.，2006，78：2051-2066）。（）表示最后一位的不确定性，[ ]中的数值为没有稳定同位素元素的半衰期最长的同位素的质量数。

 ## 附录 2　常用化合物相对分子质量

分子式	相对分子质量	分子式	相对分子质量
AgBr	187.77	As_2O_3	197.84
AgCl	143.32	$BaCl_2 \cdot 2H_2O$	244.26
AgI	234.77	BaO	153.33
$AgNO_3$	169.87	$Ba(OH)_2 \cdot 8H_2O$	315.47
Al_2O_3	101.96	$BaSO_4$	233.39

分子式	相对分子质量	分子式	相对分子质量
$CaCO_3$	100.09	$MgCl_2$	95.211
CaO	56.077	$MgSO_4 \cdot 7H_2O$	246.48
$Ca(OH)_2$	74.093	$MgNH_4PO_4 \cdot 6H_2O$	245.41
CO_2	44.010	MgO	40.304
CuO	79.545	$Mg(OH)_2$	58.320
Cu_2O	143.09	$Mg_2P_2O_7$	222.55
$CuSO_4 \cdot 5H_2O$	249.69	$Na_2B_4O_7 \cdot 10H_2O$	381.37
FeO	71.844	$NaBr$	102.89
Fe_2O_3	159.69	$NaCl$	58.489
$FeSO_4 \cdot 7H_2O$	278.02	Na_2CO_3	105.99
$FeSO_4 \cdot (NH_4)_2SO_4 \cdot 6H_2O$	392.14	$NaHCO_3$	84.007
H_3BO_3	61.833	$Na_2HPO_4 \cdot 12H_2O$	358.14
HCl	36.461	$NaNO_2$	69.000
$HClO_4$	100.46	Na_2O	61.979
HNO_3	63.013	$NaOH$	39.997
H_2O	18.015	$Na_2S_2O_3$	158.11
H_2O_2	34.015	$Na_2S_2O_3 \cdot 5H_2O$	248.19
H_3PO_4	97.995	NH_3	17.031
H_2SO_4	98.080	NH_4Cl	53.491
I_2	253.81	NH_4OH	35.046
$KAl(SO_4)_2 \cdot 12H_2O$	474.39	$(NH_4)_3PO_4 \cdot 12MoO_3$	1876.4
KBr	119.00	$(NH_4)_2SO_4$	132.14
$KBrO_3$	167.00	$PbCrO_4$	321.19
KCl	74.551	PbO_2	239.20
$KClO_4$	138.55	$PbSO_4$	303.26
K_2CO_3	138.21	P_2O_5	141.94
K_2CrO_4	194.19	SiO_2	60.085
$K_2Cr_2O_7$	294.19	SO_2	64.065
KH_2PO_4	136.09	SO_3	80.064
$KHSO_4$	136.17	ZnO	81.408
KI	166.00	CH_3COOH（醋酸）	60.052
KIO_3	214.00	$H_2C_2O_4 \cdot 2H_2O$	126.07
$KIO_3 \cdot HIO_3$	389.91	$KHC_4H_4O_6$（酒石酸氢钾）	188.18
$KMnO_4$	158.03	$KHC_8H_4O_4$（邻苯二甲酸氢钾）	204.22
KNO_2	85.10	$K(SbO)C_4H_4O_6 \cdot 1/2H_2O$（酒石酸锑钾）	333.93
KOH	56.106	$Na_2C_2O_4$（草酸钠）	134.00
K_2PtCl_6	485.98	$NaC_7H_5O_2$（苯甲酸钠）	144.11
$KSCN$	97.182	$Na_3C_6H_5O_7 \cdot 2H_2O$（枸橼酸钠）	294.12
$MgCO_3$	84.314	$Na_2H_2C_{10}H_{12}O_8N_2 \cdot 2H_2O$（EDTA 二钠盐）	372.24

注：根据 2005 年公布的相对原子质量计算。

附录3　常用酸碱密度与浓度

试剂名称	相对密度	浓度（%）	浓度（mol/L）
氨水	0.88~0.90	25.0~28.0	12.9~14.8
乙酸	1.04	36.0~37.0	6.2~6.4
冰醋酸	1.05	99.8（GR）>99.5（AR）>99.0（CR）	17.4
氢氟酸	1.13	40.0	22.5
盐酸	1.18~1.19	36~38	11.6~12.4
硝酸	1.39~1.40	65~68	14.4~15.2
高氯酸	1.68	70.0~72.0	11.7~12.0
磷酸	1.69	85.0	14.6
硫酸	1.83~1.84	95~98	17.8~18.4

 # 附录4　常用基准物及其干燥条件

基准物质 名称	基准物质 化学式	干燥条件	标定对象
硝酸银	$AgNO_3$	280~290℃干燥至恒重	卤化物、硫氰酸盐
三氧化二砷	As_2O_3	室温干燥器中保存	I_2
碳酸钙	$CaCO_3$	110~120℃保持2h，干燥器中冷却	EDTA
草酸	$H_2C_2O_4 \cdot 2H_2O$	室温空气干燥	$KMnO_4$
邻苯二甲酸氢钾	$KHC_8H_4O_4$	110~120℃干燥至恒重，干燥器中冷却	NaOH、$HClO_4$
碘酸钾	KIO_3	120~140℃保持2h，干燥器中冷却	$Na_2S_2O_3$
重铬酸钾	$K_2Cr_2O_7$	140~150℃保持3~4h，干燥器中冷却	$FeSO_4$、$Na_2S_2O_3$
氯化钠	NaCl	500~600℃保持50min，干燥器中冷却	$AgNO_3$
硼砂	$Na_2B_4O_7 \cdot 10H_2O$	含NaCl-蔗糖饱和溶液的干燥器中保存	HCl、H_2SO_4
碳酸钠	Na_2CO_3	270~300℃保持50min，干燥器中冷却	HCl、H_2SO_4
草酸钠	$Na_2C_2O_4$	130℃保持2h，干燥器中冷却	$KMnO_4$
锌	Zn	室温干燥器中保存	EDTA
氧化锌	ZnO	900~1000℃保存50min，干燥器中冷却	EDTA

 # 附录5　常用酸碱指示剂

指示剂	变色范围 pH	颜色 酸色	颜色 碱色	pK_{HIn}	指示剂组成 浓度（%）	指示剂组成 溶剂	用量滴 /10ml
百里酚蓝	1.2~2.8	红	黄	1.65	0.1	20%乙醇溶液	1~2
甲基黄	2.9~4.0	橙	黄	3.25	0.1	90%乙醇溶液	1
甲基橙	3.1~4.4	红	黄	3.45	0.05	水溶液	1
溴酚蓝	3.0~4.6	黄	紫	4.10	0.1	20%乙醇溶液或其钠盐水溶液	1
溴甲酚绿	3.8~5.4	黄	蓝	4.90	0.1	20%乙醇溶液	1

指示剂	变色范围 pH	颜色		pK$_{HIn}$	指示剂组成		用量滴 /10ml
		酸色	碱色		浓度（%）	溶剂	
甲基红	4.4~6.2	红	黄	5.10	0.1	60%乙醇溶液或其钠盐水溶液	1
溴百里酚蓝	6.2~7.6	黄	蓝	7.30	0.1	20%乙醇溶液或其钠盐水溶液	1
中性红	6.8~8.0	红	黄橙	7.40	0.1	60%乙醇溶液	1
酚红	6.8~8.0	黄	红	8.00	0.1	60%乙醇溶液或其钠盐水溶液	1
百里酚蓝	8.0~9.6	黄	蓝	8.90	0.1	20%乙醇溶液	1~4
酚酞	8.0~10.0	无色	红	9.10	0.5	90%乙醇溶液	1~3
百里酚酞	9.4~10.6	无色	蓝	10.0	0.1	90%乙醇溶液	1~2

 # 附录 6　常用混合酸碱指示剂

指示剂组成	比例	变色时 pH	颜色		变色范围 pH
			酸色	碱色	
0.1%甲基黄乙醇溶液-0.1%次甲基蓝乙醇溶液	1:1	3.25	蓝紫	绿	3.2~3.4
0.1%溴甲酚绿钠盐水溶液-0.2%甲基橙水溶液	1:1	4.3	橙	蓝紫	3.5~4.3
0.2%甲基红乙醇溶液-0.1%亚甲基蓝乙醇溶液	1:1	5.4	红紫	绿	5.2~5.6
0.1%溴甲酚紫钠盐水溶液-0.2%溴百里酚蓝钠盐水溶液	1:1	6.7	黄	紫蓝	6.2~6.8
0.1%中性红乙醇溶液-0.1%次甲基蓝乙醇溶液	1:1	7.0	蓝紫	绿	6.9~7.1
0.1%中性红乙醇溶液-0.1%溴百里酚蓝乙醇溶液	1:1	7.2	玫瑰	绿	7.0~7.4
0.1%溴百里酚蓝钠盐水溶液-0.1%酚红钠盐水溶液	1:1	7.5	黄	紫	7.2~7.6
0.1%酚红钠盐水溶液-0.1%百里酚蓝钠盐水溶液	1:3	8.3	黄	紫	8.2~8.4
0.1%酚酞乙醇溶液-0.1%甲基绿乙醇溶液	1:1	8.9	绿	紫	8.8~9.0
0.1%百里酚蓝 50%乙醇溶液-0.1%酚酞 50%乙醇溶液	1:3	9.0	黄	紫	8.9~9.1
0.1%酚酞乙醇溶液-0.1%百里酚酞乙醇溶液	1:1	9.9	无	紫	9.6~10.0

 # 附录 7　常用标准缓冲溶液 pH

温度/℃	邻苯二甲酸盐	磷酸盐	硼酸盐
5	4.01	6.95	9.39
10	4.00	6.92	9.33
15	4.00	6.90	9.27
20	4.01	6.88	9.22
25	4.01	6.86	9.18
30	4.02	6.85	9.14
35	4.03	6.84	9.10
40	4.04	6.84	9.07
45	4.05	6.83	9.04
50	4.06	6.83	9.01
55	4.08	6.84	8.99
60	4.10	8.84	8.96